建筑与市政工程施工现场专业人员职业标准培训教材

材料员核心考点模拟与解析

建筑与市政工程施工现场专业人员职业标准培训教材编委会　编写

中国建筑工业出版社

图书在版编目（CIP）数据

材料员核心考点模拟与解析／建筑与市政工程施工现场专业人员职业标准培训教材编委会编写. — 北京：中国建筑工业出版社，2023.6（2024.7重印）

建筑与市政工程施工现场专业人员职业标准培训教材

ISBN 978-7-112-28641-6

Ⅰ.①材… Ⅱ.①建… Ⅲ.①建筑材料－职业培训－教材 Ⅳ.①TU5

中国国家版本馆CIP数据核字（2023）第069437号

本书分上下两篇，上篇为《通用与基础知识》，下篇为《岗位知识与专业技能》，所有章节名称与相应专业的《建筑与市政工程施工现场专业人员职业标准培训教材》（第三版）相对应，规范类考点增加了原书内容页码，以便考生查找，对照学习。

本书可供施工现场专业人员之材料员学习参考使用，也可供行业相关从业人员学习使用。

责任编辑：赵云波 李 杰 李 慧
责任校对：芦欣甜
校对整理：张惠雯

建筑与市政工程施工现场专业人员职业标准培训教材
材料员核心考点模拟与解析
建筑与市政工程施工现场专业人员职业标准培训教材编委会 编写

*

中国建筑工业出版社出版、发行（北京海淀三里河路9号）
各地新华书店、建筑书店经销
北京红光制版公司制版
北京圣夫亚美印刷有限公司印刷

*

开本：787毫米×1092毫米 1/16 印张：13 字数：316千字
2023年7月第一版 2024年7月第二次印刷
定价：47.00元
ISBN 978-7-112-28641-6
（40945）

版权所有 翻印必究
如有内容及印装质量问题，请联系本社读者服务中心退换
电话：（010）58337283 QQ：924419132
（地址：北京海淀三里河路9号中国建筑工业出版社604室 邮政编码：100037）

编委会

胡兴福	申永强	焦永达	傅慈英	屈振伟	魏鸿汉
赵 研	张悠荣	董慧凝	危道军	尤 完	宋岩丽
张燕娜	王凯晖	李 光	朱吉顶	余家兴	刘 录
慎旭双	闫占峰	刘国庆	李 存	许 宁	姚哲豪
潘东旭	刘 云	宋 扬	吴欣民		

前 言

为落实住房和城乡建设部发布的行业标准《建筑与市政工程施工现场专业人员职业标准》JGJ/T 250，规范建设行业施工现场专业人员岗位培训工作，本书以《材料员通用与基础知识（第三版）》《材料员岗位知识与专业技能（第三版）》为蓝本，依据职业标准相配套的考核评价大纲，总结提取教材中的核心考点，引导考生学习与复习；结合往年考试中的难点和易错考点，配以相应的模拟试题，增强考生知识点应用能力，提升其应试能力。

本书分上下两篇，上篇为《通用与基础知识》，下篇为《岗位知识与专业技能》，所有章节名称与相应专业的《材料员通用与基础知识（第三版）》、《材料员岗位知识与专业技能（第三版）》相对应，本书的知识点均标注在了第三版教材的页码中，以便考生查找，对照学习。

本书上篇《通用与基础知识》教材点睛分为 61 个考点，下篇《岗位知识与专业技能》教材点睛分为 73 个考点，共计 134 个考点。全书考点分为四类，即一般考点（其后无标注），核心考点（"★"标识），易错考点（"●"标识），核心考点＋易错考点（"★●"标识）。

为便于记忆与理解，本书中所引用相关法律如《中华人民共和国建筑法》等，均简称《建筑法》。

配套巩固练习题共计约 900 余道，题型分为判断题、单选题、多选题 3 类。

本书由北京华灵四方投资咨询有限责任公司王俊来担任主编，北京大兴国际商业服务有限公司张蕾、中国土木工程学会总工程师工作委员会刘云担任副主编。由于编写时间有限，书中难免存在不妥之处，敬请广大读者批评指正。

目 录

上篇　通用与基础知识

知识点导图 ·· 1
第一章　建设法规 ·· 2
考点1：建设法规构成概述 ·· 2
第一节　《建筑法》 ··· 3
考点2：《建筑法》的立法目的 ··· 3
考点3：从业资格的有关规定★● ··· 3
考点4：《建筑法》关于建筑安全生产管理的规定★● ··· 4
考点5：《建筑法》关于质量管理的规定★ ·· 6
第二节　《安全生产法》 ·· 7
考点6：《安全生产法》的立法目的 ·· 7
考点7：生产经营单位的安全生产保障的有关规定● ··· 7
考点8：从业人员的安全生产权利义务的有关规定★● ·· 8
考点9：安全生产监督管理的有关规定● ·· 8
考点10：安全事故应急救援与调查处理的规定★ ··· 10
第三节　《建设工程安全生产管理条例》《建设工程质量管理条例》 ··········· 12
考点11：《安全生产管理条例》★● ·· 12
考点12：《建设工程质量管理条例》★● ··· 14
第四节　《劳动法》《劳动合同法》 ·· 15
考点13：《劳动法》《劳动合同法》立法目的 ··· 15
考点14：《劳动法》《劳动合同法》关于劳动合同和集体合同的有关规定★● ··· 16
考点15：《劳动法》关于劳动安全卫生的有关规定● ······································· 17
第二章　建筑材料 ··· 20
第一节　无机胶凝材料 ··· 20
考点16：无机胶凝材料的分类及特性★● ·· 20
考点17：通用水泥的特性、主要技术性质及应用★● ······································· 20
第二节　混凝土 ··· 22
考点18：普通混凝土★● ··· 22
考点19：轻混凝土、高性能混凝土、预拌混凝土★● ······································· 24
考点20：常用混凝土外加剂的品种及应用★ ·· 25
第三节　砂浆 ··· 26
考点21：砂浆★● ·· 26

第四节　石材、砖和砌块 ·· 28
　　　　考点22：石材、砖和砌块★● ··· 28
　　第五节　金属材料 ·· 30
　　　　考点23：钢材的主要技术性能★● ··· 30
　　　　考点24：钢结构用钢材的品种及特性★● ·· 30
　　　　考点25：钢筋混凝土结构用钢材的品种★● ·· 32
　　　　考点26：铝合金的分类及特性● ·· 33
　　　　考点27：不锈钢的分类及特性 ··· 33
　　第六节　沥青材料及沥青混合料 ··· 34
　　　　考点28：沥青材料的分类、技术性质及应用★● ································ 34
　　　　考点29：沥青混合料的分类、组成材料及其技术要求★● ················ 34
　　第七节　防水材料及保温材料 ·· 36
　　　　考点30：防水卷材的品种及特性★ ·· 36
　　　　考点31：保温材料的分类、特性及应用★● ······································· 38
第三章　建筑工程识图 ··· 41
　　第一节　施工图的基本知识 ··· 41
　　　　考点32：房屋建筑施工图的组成及作用 ·· 41
　　　　考点33：房屋建筑施工图的图示特点及制图标准相关规定 ············· 41
　　第二节　建筑施工图的图示方法及内容 ·· 43
　　　　考点34：建筑施工图的图示方法及内容★● ······································· 43
　　第三节　房屋建筑施工图的识读 ·· 45
　　　　考点35：施工图的识读 ··· 45
第四章　建筑施工技术 ··· 46
　　第一节　地基与基础工程 ··· 46
　　　　考点36：基坑（槽）开挖、支护及回填的主要方法 ························· 46
　　　　考点37：混凝土基础施工工艺★ ·· 47
　　第二节　砌体工程 ·· 49
　　　　考点38：砌体工程 ·· 49
　　第三节　钢筋混凝土工程 ··· 51
　　　　考点39：常见模板种类 ··· 51
　　　　考点40：钢筋工程施工工艺★● ·· 51
　　　　考点41：混凝土工程施工工艺★ ·· 53
　　第四节　钢结构工程 ·· 55
　　　　考点42：钢结构工程★ ·· 55
　　第五节　防水工程 ·· 57
　　　　考点43：防水砂浆防水施工工艺★ ·· 57
　　　　考点44：防水混凝土施工工艺★ ·· 57
　　　　考点45：涂料防水工程施工工艺★ ·· 58
　　　　考点46：卷材防水工程施工工艺★ ·· 58

第五章 施工项目管理 ··· 61
第一节 施工项目管理的内容及组织 ·· 61
考点47：施工项目管理的特点及内容● ·· 61
考点48：施工项目管理的组织机构★● ·· 61
第二节 施工项目目标控制 ·· 63
考点49：施工项目目标控制★● ·· 63
第三节 施工资源与现场管理 ··· 65
考点50：施工资源与现场管理★● ·· 65

第六章 建筑力学 ··· 68
第一节 平面力系 ·· 68
考点51：平面力系★● ·· 68
第二节 杆件强度、刚度和稳定的基本概念 ·································· 69
考点52：杆件强度、刚度和稳定的概念● ····································· 69
第三节 材料强度、变形的基本知识 ·· 71
考点53：材料强度、变形的基本知识● ·· 71
第四节 力学试验的基本知识 ··· 73
考点54：力学试验的基本知识● ·· 73

第七章 工程预算的基本知识 ·· 75
第一节 工程计量 ·· 75
考点55：工程计量★● ·· 75
第二节 工程造价计价 ··· 77
考点56：工程造价计价● ·· 77

第八章 物资管理的基本知识 ·· 81
考点57：建筑工程物资管理概述 ·· 81
第一节 材料管理的基本知识 ··· 81
考点58：材料管理★● ·· 81
第二节 建筑机械设备管理的基本知识 ·· 84
考点59：建筑机械设备管理★● ·· 84

第九章 抽样统计分析的基本知识 ··· 88
第一节 数理统计的基本概念、抽样调查的方法 ···························· 88
考点60：数理统计的基本概念、抽样调查的方法★● ······················· 88
第二节 材料数据抽样和统计分析方法 ·· 89
考点61：材料数据抽样和统计分析方法★● ··································· 89

下篇 岗位知识与专业技能

知识点导图 ·· 93

第一章 材料管理相关法规和标准 ··· 94
第一节 材料管理的相关法规 ··· 94
考点1：建设工程项目材料管理的相关规定 ··································· 94

考点2：确保材料质量的相关规定 ··· 94
　　第二节　材料的技术标准 ··· 95
　　　考点3：产品标准 ··· 95
第二章　市场的调查与分析 ··· 97
　　第一节　市场的相关概念 ··· 97
　　　考点4：建筑市场的特点与构成★● ··· 97
　　第二节　市场的调查分析 ··· 97
　　　考点5：采购市场调查 ··· 97
　　　考点6：采购市场分析★● ··· 98
　　第三节　调查分析与调查报告 ··· 100
　　　考点7：调查分析与调查报告 ··· 100
第三章　招标投标与合同管理 ··· 102
　　第一节　建设项目招标与投标 ··· 102
　　　考点8：建设项目招标分类★● ··· 102
　　　考点9：建设项目招标的方式和程序★● ································ 102
　　　考点10：政府采购的方式和程序 ··· 105
　　　考点11：建设项目材料、设备及政府采购投标的工作机构及投标程序 ········· 105
　　　考点12：标价的计算与确定★● ··· 107
　　第二节　合同与合同管理（民典法合同编）······························· 108
　　　考点13：《民典法》关于合同订立、效力、履行、保全的相关条款 ········· 108
　　　考点14：《民典法》关于合同变更和转让、终止、违约责任的相关条件★● ··· 110
　　　考点15：买卖合同与建设工程合同 ······································· 110
　　第三节　建设工程施工合同示范文本及建筑材料采购合同范本 ··········· 112
　　　考点16：施工合同示范文本的结构、合同相关方的权利和义务 ··········· 112
　　　考点17：施工合同中控制与管理性条款、材料试验与检验条款 ··········· 114
第四章　材料、设备配置的计划 ··· 116
　　第一节　材料、设备的计划管理 ··· 116
　　　考点18：材料、设备计划管理的工作要点、流程 ······················ 116
　　第二节　材料消耗定额 ··· 118
　　　考点19：材料消耗定额的作用、构成、制定原则与方法应用 ··········· 118
　　第三节　材料、设备需用数量的核算 ····································· 119
　　　考点20：材料需用量的核算★● ··· 119
　　第四节　材料、设备的配置计划与实施管理 ····························· 121
　　　考点21：材料、设备配置计划的任务、分类及编制★● ··············· 121
　　　考点22：材料计划编制程序★● ··· 123
　　　考点23：材料设备计划的实施管理 ······································· 123
第五章　材料、设备的采购 ··· 126
　　第一节　材料、设备采购市场的信息 ····································· 126
　　　考点24：采购市场信息的种类、来源与整理 ··························· 126

第二节　材料、设备采购基础知识⋯⋯⋯⋯⋯⋯⋯⋯⋯⋯⋯⋯⋯⋯⋯⋯⋯⋯⋯⋯ 126
　　　考点 25：材料、设备采购原则、范围、影响因素和决策⋯⋯⋯⋯⋯⋯⋯⋯ 126
　　第三节　材料、设备的采购方式⋯⋯⋯⋯⋯⋯⋯⋯⋯⋯⋯⋯⋯⋯⋯⋯⋯⋯⋯⋯ 128
　　　考点 26：材料、设备采购方式⋯⋯⋯⋯⋯⋯⋯⋯⋯⋯⋯⋯⋯⋯⋯⋯⋯⋯⋯ 128
　　第四节　材料、设备的采购方案与采购时机⋯⋯⋯⋯⋯⋯⋯⋯⋯⋯⋯⋯⋯⋯⋯ 129
　　　考点 27：采购方案与采购时机⋯⋯⋯⋯⋯⋯⋯⋯⋯⋯⋯⋯⋯⋯⋯⋯⋯⋯⋯ 129
　　第五节　供应商的选定、评定和评价⋯⋯⋯⋯⋯⋯⋯⋯⋯⋯⋯⋯⋯⋯⋯⋯⋯⋯ 131
　　　考点 28：供应商的评定和评价⋯⋯⋯⋯⋯⋯⋯⋯⋯⋯⋯⋯⋯⋯⋯⋯⋯⋯⋯ 131
　　第六节　采购及订货成交、进场和结算⋯⋯⋯⋯⋯⋯⋯⋯⋯⋯⋯⋯⋯⋯⋯⋯⋯ 133
　　　考点 29：采购及订货成交、进场和结算⋯⋯⋯⋯⋯⋯⋯⋯⋯⋯⋯⋯⋯⋯⋯ 133
　　第七节　物资采购合同的主要条款及风险规避⋯⋯⋯⋯⋯⋯⋯⋯⋯⋯⋯⋯⋯⋯ 135
　　　考点 30：物资采购合同的风险规避⋯⋯⋯⋯⋯⋯⋯⋯⋯⋯⋯⋯⋯⋯⋯⋯⋯ 135
　　第八节　材料采购的供应管理⋯⋯⋯⋯⋯⋯⋯⋯⋯⋯⋯⋯⋯⋯⋯⋯⋯⋯⋯⋯⋯ 136
　　　考点 31：材料采购供应管理⋯⋯⋯⋯⋯⋯⋯⋯⋯⋯⋯⋯⋯⋯⋯⋯⋯⋯⋯⋯ 136
第六章　建筑材料、设备的进场验收与符合性判断⋯⋯⋯⋯⋯⋯⋯⋯⋯⋯⋯⋯⋯⋯ 138
　　第一节　进场验收和复验意义⋯⋯⋯⋯⋯⋯⋯⋯⋯⋯⋯⋯⋯⋯⋯⋯⋯⋯⋯⋯⋯ 138
　　　考点 32：进场验收与复验⋯⋯⋯⋯⋯⋯⋯⋯⋯⋯⋯⋯⋯⋯⋯⋯⋯⋯⋯⋯⋯ 138
　　第二节　常用建筑及市场工程材料的符合性判断⋯⋯⋯⋯⋯⋯⋯⋯⋯⋯⋯⋯⋯ 138
　　　考点 33：水泥★●⋯⋯⋯⋯⋯⋯⋯⋯⋯⋯⋯⋯⋯⋯⋯⋯⋯⋯⋯⋯⋯⋯⋯⋯ 138
　　　考点 34：混凝土⋯⋯⋯⋯⋯⋯⋯⋯⋯⋯⋯⋯⋯⋯⋯⋯⋯⋯⋯⋯⋯⋯⋯⋯⋯ 141
　　　考点 35：砂浆★●⋯⋯⋯⋯⋯⋯⋯⋯⋯⋯⋯⋯⋯⋯⋯⋯⋯⋯⋯⋯⋯⋯⋯⋯ 142
　　　考点 36：建筑钢材★●⋯⋯⋯⋯⋯⋯⋯⋯⋯⋯⋯⋯⋯⋯⋯⋯⋯⋯⋯⋯⋯⋯ 145
　　　考点 37：墙体材料★●⋯⋯⋯⋯⋯⋯⋯⋯⋯⋯⋯⋯⋯⋯⋯⋯⋯⋯⋯⋯⋯⋯ 146
　　　考点 38：防水材料★●⋯⋯⋯⋯⋯⋯⋯⋯⋯⋯⋯⋯⋯⋯⋯⋯⋯⋯⋯⋯⋯⋯ 148
　　　考点 39：保温材料★●⋯⋯⋯⋯⋯⋯⋯⋯⋯⋯⋯⋯⋯⋯⋯⋯⋯⋯⋯⋯⋯⋯ 150
　　　考点 40：公路沥青★●⋯⋯⋯⋯⋯⋯⋯⋯⋯⋯⋯⋯⋯⋯⋯⋯⋯⋯⋯⋯⋯⋯ 151
　　　考点 41：公路沥青混合料★●⋯⋯⋯⋯⋯⋯⋯⋯⋯⋯⋯⋯⋯⋯⋯⋯⋯⋯⋯ 152
　　　考点 42：公路土工合成材料★●⋯⋯⋯⋯⋯⋯⋯⋯⋯⋯⋯⋯⋯⋯⋯⋯⋯⋯ 154
　　第三节　材料按验收批进场验收与按检验批复验及记录⋯⋯⋯⋯⋯⋯⋯⋯⋯⋯ 156
　　　考点 43：材料的进场验收★●⋯⋯⋯⋯⋯⋯⋯⋯⋯⋯⋯⋯⋯⋯⋯⋯⋯⋯⋯ 156
　　　考点 44：材料的复验★●⋯⋯⋯⋯⋯⋯⋯⋯⋯⋯⋯⋯⋯⋯⋯⋯⋯⋯⋯⋯⋯ 157
第七章　材料的仓储、保管与供应⋯⋯⋯⋯⋯⋯⋯⋯⋯⋯⋯⋯⋯⋯⋯⋯⋯⋯⋯⋯⋯ 160
　　第一节　材料的仓储管理⋯⋯⋯⋯⋯⋯⋯⋯⋯⋯⋯⋯⋯⋯⋯⋯⋯⋯⋯⋯⋯⋯⋯ 160
　　　考点 45：现场材料仓储保管的基本要求★●⋯⋯⋯⋯⋯⋯⋯⋯⋯⋯⋯⋯⋯ 160
　　　考点 46：仓储盘点及账务管理★●⋯⋯⋯⋯⋯⋯⋯⋯⋯⋯⋯⋯⋯⋯⋯⋯⋯ 162
　　　考点 47：材料收、发、存台账★●⋯⋯⋯⋯⋯⋯⋯⋯⋯⋯⋯⋯⋯⋯⋯⋯⋯ 163
　　第二节　常用材料的保管⋯⋯⋯⋯⋯⋯⋯⋯⋯⋯⋯⋯⋯⋯⋯⋯⋯⋯⋯⋯⋯⋯⋯ 164
　　　考点 48：水泥的现场保管及受潮的处理★●⋯⋯⋯⋯⋯⋯⋯⋯⋯⋯⋯⋯⋯ 164
　　　考点 49：钢材的现场保管及代换应用★●⋯⋯⋯⋯⋯⋯⋯⋯⋯⋯⋯⋯⋯⋯ 165

　　　　考点50：其他材料的仓储保管★● …………………………………… 165
　　第三节　材料的使用管理 ……………………………………………………… 168
　　　　考点51：材料领发的要求、依据、程序及常用方法★● ………………… 168
　　　　考点52：材料的耗用★● …………………………………………………… 168
　　　　考点53：限额领料的方法★● ……………………………………………… 170
　　第四节　现场机具设备和周转材料管理 ……………………………………… 171
　　　　考点54：现场机具设备的管理★● ………………………………………… 171
　　　　考点55：周转材料的管理★● ……………………………………………… 173
第八章　材料、设备的成本核算 ………………………………………………… 177
　　第一节　工程费用、成本及核算 ……………………………………………… 177
　　　　考点56：工程费用的组成★● ……………………………………………… 177
　　　　考点57：工程成本的分析及核算★● ……………………………………… 178
　　第二节　材料、设备核算的内容及方法 ……………………………………… 180
　　　　考点58：材料、设备的采购核算★● ……………………………………… 180
　　　　考点59：材料、设备的供应、储备、消耗量核算★● …………………… 180
　　　　考点60：周转材料、工具的核算★● ……………………………………… 181
　　　　考点61：财务部门对材料核算的职责★● ………………………………… 182
　　第三节　材料、设备核算的分析与计算 ……………………………………… 183
　　　　考点62：按实际成本计价的核算★● ……………………………………… 183
　　　　考点63：材料按计划成本计价的核算★● ………………………………… 184
　　　　考点64：成本核算中的材料费用归集与分配★● ………………………… 184
　　　　考点65：材料成本差异的核算 ……………………………………………… 184
　　第四节　材料、设备采购的经济结算 ………………………………………… 186
　　　　考点66：材料、设备采购的经济结算★● ………………………………… 186
第九章　现场危险物品及施工余料、废弃物的管理 …………………………… 189
　　第一节　危险物品的管理 ……………………………………………………… 189
　　　　考点67：现场危险源的辨识和评价★● …………………………………… 189
　　　　考点68：现场危险物品的管理★● ………………………………………… 189
　　第二节　施工余料的管理 ……………………………………………………… 191
　　　　考点69：施工余料的管理与处理★● ……………………………………… 191
　　第三节　施工废弃物的管理 …………………………………………………… 192
　　　　考点70：施工废弃物的界定与危害★● …………………………………… 192
　　　　考点71：施工废弃物的处理★● …………………………………………… 192
第十章　现场材料的计算机管理 ………………………………………………… 194
　　　　考点72：管理系统的主要功能及主要设置★● …………………………… 194
第十一章　施工材料、设备的资料管理和统计台账的编制、收集 …………… 197
　　　　考点73：施工材料、设备资料管理和统计台账★● ……………………… 197

上篇

通用与基础知识

知识点导图

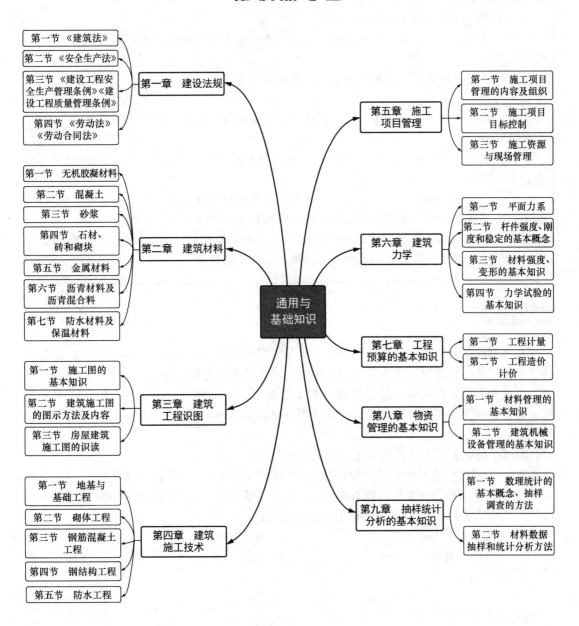

第一章 建 设 法 规

考点1：建设法规构成概述

> **教材点睛** 教材① P1~P2
>
> **1. 我国建设法规体系的五个层次**
> （1）建设法律：全国人民代表大会及其常务委员会制定通过，由国家主席以主席令的形式发布。
> （2）建设行政法规：国务院制定，国务院常务委员会审议通过，由国务院总理以国务院令的形式发布。
> （3）建设部门规章：住房和城乡建设部制定并颁布，或与国务院其他有关部门联合制定并发布。
> （4）地方性建设法规：省、自治区、直辖市人民代表大会及其常务委员会制定颁布；本地适用。
> （5）地方建设规章：省、自治区、直辖市人民政府以及省会（自治区首府）城市和经国务院批准的较大城市的人民政府制定颁布的；本地适用。
> **2. 建设法规体系各层次间的法律效力**：上位法优先原则，依次为建设法律、建设行政法规、建设部门规章、地方性建设法规、地方建设规章。

巩固练习

1.【判断题】建设法规是指国家立法机关制定的旨在调整国家、企事业单位、社会团体、公民之间，在建设活动中发生的各种社会关系的法律法规的总称。（　　）
2.【判断题】在我国的建设法规的五个层次中，法律效力的层级是上位法高于下位法，具体表现为：建设法律→建设行政法规→建设部门规章→地方性建设法规→地方建设规章。（　　）
3.【单选题】以下法规属于建设行政法规的是（　　）。
A.《工程建设项目施工招标投标办法》　　B.《中华人民共和国城乡规划法》
C.《建设工程安全生产管理条例》　　　　D.《实施工程建设强制性标准监督规定》
4.【多选题】下列属于我国建设法规体系的是（　　）。
A. 建设行政法规　　　　　　　　　B. 地方性建设法规
C. 建设部门规章　　　　　　　　　D. 建设法律
E. 地方法律

【答案】1. ×；2. √；3. C；4. ABCD

---

① 本书上篇涉及的教材，指《材料员通用与基础知识（第三版）》，请读者结合学习。

第一节 《建筑法》

考点 2：《建筑法》的立法目的

> **教材点睛** 教材 P2
>
> 1. 《建筑法》的立法目的：加强对建筑活动的监督管理，维护建筑市场秩序，保证建筑工程的质量和安全，促进建筑业健康发展。
> 2. 现行《建筑法》是 2019 年修订施行的。

考点 3：从业资格的有关规定★●

> **教材点睛** 教材 P2～P5
>
> 法规依据：《建筑法》第十二条、第十三条、第十四条；《建筑业企业资质标准》
> 建筑业企业的资质
> （1）建筑业企业资质序列：施工综合、施工总承包、专业承包和专业作业四个序列。【详见 P2 表 1-1】①
> （2）建筑业企业资质等级：施工综合资质不分等级，施工总承包资质分为甲级、乙级两个等级，专业承包资质一般分为甲级、乙级两个等级（部分专业不分等级），专业作业资质不分等级。【详见 P2 表 1-1】
> （3）承揽业务的范围
> ① 施工综合企业和施工总承包企业：可以承接施工总承包工程。其中建筑工程、市政公用工程施工总承包企业承包工程范围分别见表 1-2、表 1-3【P3】。
> ② 专业承包企业：可以承接具有施工综合资质和施工总承包资质的企业依法分包的专业工程或建设单位依法发包的专业工程。建筑工程、市政公用工程相关的专业承包企业承包工程的范围见表 1-4【P4】。
> ③ 专业作业企业：可以承接具有上述三个承包资质企业分包的专业作业。

> **巩固练习**

1. 【判断题】《建筑法》的立法目的在于加强对建筑活动的监督管理，维护建筑市场秩序，保证建筑工程的质量和安全，促进建筑业健康发展。（ ）
2. 【判断题】地基与基础工程专业乙级承包企业可承担深度不超过 24m 的刚性桩复合地基处理工程的施工。（ ）
3. 【判断题】承包建筑工程的单位只要实际资质等级达到法律规定，即可在其资质等级许可的业务范围内承揽工程。（ ）

---

① 指代表教材中的页码及图表号。

4. 【判断题】专业作业企业可以承接具有施工综合、施工总承包、专业承包资质企业分包的专业作业。（   ）

5. 【单选题】下列选项中，不属于《建筑法》规定约束的是（   ）。
   A. 建筑工程发包与承包 B. 建筑工程涉及的土地征用
   C. 建筑安全生产管理 D. 建筑工程质量管理

6. 【单选题】建筑业企业资质等级，是由（   ）按资质条件把企业划分成为不同等级。
   A. 国务院行政主管部门 B. 国务院资质管理部门
   C. 国务院工商注册管理部门 D. 国务院

7. 【单选题】按照《建筑业企业资质管理规定》，建筑业企业资质分为（   ）。
   A. 特级、一级、二级
   B. 一级、二级、三级
   C. 甲级、乙级、丙级
   D. 施工综合、施工总承包、专业承包和专业作业

8. 【单选题】按照《建筑法》规定，建筑业企业各资质等级标准和各类别等级资质企业承担工程的具体范围，由（   ）会同国务院有关部门制定。
   A. 国务院国有资产管理部门
   B. 国务院建设行政主管部门
   C. 该类企业工商注册地的建设行政主管部门
   D. 省、自治区及直辖市建设主管部门

9. 【单选题】以下建筑装修装饰工程的乙级专业承包企业不可以承包工程范围的是（   ）。
   A. 单位工程造价 3400 万元及以下建筑室内、室外装修装饰工程的施工
   B. 单位工程造价 1200 万元及以下建筑室内、室外装修装饰工程的施工
   C. 除建筑幕墙工程外的单位工程造价 2400 万元及以上建筑室内、室外装修装饰工程的施工
   D. 单项合同额 2000 万元及以下的建筑装修装饰工程，以及与装修工程直接配套的其他工程

【答案】1.√；2.√；3.×；4.√；5.B；6.A；7.D；8.B；9.A

考点 4：《建筑法》关于建筑安全生产管理的规定 ★●

> **教材点睛**　教材 P5~P7
>
> 法规依据：《建筑法》第三十六条、第三十八条、第三十九条、第四十一条、第四十四条~第四十八条、第五十一条。
> **1. 建筑安全生产管理方针**："安全第一、预防为主"。
> **2. 建设工程安全生产基本制度**
> （1）安全生产责任制度：包括企业各级领导人员的安全职责、企业各有关职能部门的安全生产职责以及施工现场管理人员及作业人员的安全职责三个方面。

> **教材点睛** 教材P5~P7(续)
>
> (2) 群防群治制度：要求建筑企业职工在施工中应当遵守有关生产的法律、法规和建筑行业安全规章、规程，不得违章作业；对于危及生命安全和身体健康的行为有权提出批评、检举和控告。
>
> (3) 安全生产教育培训制度：安全生产，人人有责。要求全员培训，未经安全生产教育培训的人员，不得上岗作业。
>
> (4) 伤亡事故处理报告制度：事故发生时及时上报，事故处理遵循"四不放过"的原则【P6】。
>
> (5) 安全生产检查制度：是安全生产的保障，通过检查发现问题，查出隐患，采取有效措施，堵塞漏洞，做到防患于未然。
>
> (6) 安全责任追究制度：对于没有履行职责造成人员伤亡和事故损失的参见单位，视情节给予相应处理；情节严重的，责令停业整顿，降低资质等级或吊销资质证书；构成犯罪的，依法追究刑事责任。

巩固练习

1.【判断题】《建筑法》第三十六条规定：建筑工程安全生产管理必须坚持安全第一、预防为主的方针。其中安全第一是安全生产方针的核心。（   ）

2.【判断题】群防群治制度是建筑生产中最基本的安全管理制度，是所有安全规章制度的核心，是安全第一、预防为主方针的具体体现。（   ）

3.【单选题】建筑工程安全生产管理必须坚持安全第一、预防为主的方针。预防为主体现在建筑工程安全生产管理的全过程中，具体是指(   )、事后总结。

A. 事先策划、事中控制　　　　　B. 事前控制、事中防范
C. 事前防范、监督策划　　　　　D. 事先策划、全过程自控

4.【单选题】以下关于建设工程安全生产基本制度的说法中，正确的是(   )。

A. 群防群治制度是建筑生产中最基本的安全管理制度
B. 建筑施工企业应当对直接施工人员进行安全教育培训
C. 安全检查制度是安全生产的保障
D. 施工中发生事故时，建筑施工企业应当及时清理事故现场并向建设单位报告

5.【单选题】针对事故发生的原因，提出防止相同或类似事故发生的切实可行的预防措施，并督促事故发生单位加以实施，以达到事故调查和处理的最终目的。此款符合"四不放过"事故处理原则中的(   )原则。

A. 事故原因不清楚不放过
B. 事故责任者和群众没有受到教育不放过
C. 事故责任者没有处理不放过
D. 事故隐患不整改不放过

6.【单选题】建筑施工单位的安全生产责任制主要包括各级领导人员的安全职责、(   )以及施工现场管理人员及作业人员的安全职责三个方面。

A. 项目经理部的安全管理职责

B. 企业监督管理部的安全监督职责
C. 企业各有关职能部门的安全生产职责
D. 企业各级施工管理及作业部门的安全职责

7.【单选题】按照《建筑法》规定，鼓励企业为（　　）办理意外伤害保险，支付保险费。
A. 从事危险作业的职工　　　　　　B. 现场施工人员
C. 全体职工　　　　　　　　　　　D. 特种作业操作人员

8.【多选题】建设工程安全生产基本制度包括：安全生产责任制度、群防群治制度、（　　）等六个方面。
A. 安全生产教育培训制度　　　　　B. 伤亡事故处理报告制度
C. 安全生产检查制度　　　　　　　D. 防范监控制度
E. 安全责任追究制度

9.【多选题】在进行生产安全事故报告和调查处理是，必须坚持"四不放过"的原则，包括（　　）。
A. 事故原因不清楚不放过
B. 事故责任者和群众没有受到教育不放过
C. 事故单位未处理不放过
D. 事故责任者没有处理不放过
E. 没有制定防范措施不放过

【答案】1.×；2.×；3. A；4. C；5. D；6. C；7. A；8. ABCE；9. ABDE

考点5：《建筑法》关于质量管理的规定★

> **教材点睛**　教材 P7
>
> 法规依据：《建筑法》第五十二条、第五十四条、第五十五条、第五十八条～第六十二条。
> **1. 建设工程竣工验收制度**：是对工程是否符合设计要求和工程质量标准所进行的检查、考核工作。建筑工程竣工经验收合格后，方可交付使用；未经验收或者验收不合格的，不得交付使用。
> **2. 建设工程质量保修制度**：在《建筑法》规定的保修期限内，因勘察、设计、施工、材料等原因造成的质量缺陷，应当由施工承包单位负责维修、返工或更换，由责任单位负责赔偿损失。对促进建设各方加强质量管理，保护用户及消费者的合法权益起到重要的保障作用。

巩固练习

1.【判断题】在建设工程竣工验收后，在规定的保修期限内，因勘察、设计、施工、材料等原因造成的质量缺陷，应当由责任单位负责维修、返工或更换。（　　）

2.【单选题】建设工程项目的竣工验收，应当由（　　）依法组织进行。

A. 建设单位　　　　　　　　　B. 建设单位或有关主管部门
C. 国务院有关主管部门　　　　D. 施工单位

3.【单选题】在建设工程竣工验收后，在规定的保修期限内，因勘察、设计、施工、材料等原因造成的质量缺陷，应当由(　　)负责维修、返工或更换。
A. 建设单位　　　　　　　　　B. 监理单位
C. 责任单位　　　　　　　　　D. 施工承包单位

4.【单选题】根据《建筑法》的规定，以下属于保修范围的是(　　)。
A. 供热、供冷系统工程
B. 因使用不当造成的质量缺陷
C. 因第三方造成的质量缺陷
D. 不可抗力造成的质量缺陷

5.【单选题】建筑工程的质量保修的具体保修范围和最低保修期限由(　　)规定。
A. 建设单位　　　　　　　　　B. 国务院
C. 施工单位　　　　　　　　　D. 建设行政主管部门

6.【多选题】建筑工程的保修范围应当包括(　　)等。
A. 地基基础工程　　　　　　　B. 主体结构工程
C. 屋面防水工程　　　　　　　D. 电气管线
E. 使用不当造成的质量缺陷

【答案】1.×；2. B；3. D；4. A；5. B；6. ABCD

第二节　《安全生产法》

考点 6：《安全生产法》的立法目的

> **教材点睛**　教材 P8
> 1.《安全生产法》的立法目的：加强安全生产工作，防止和减少生产安全事故，保障人民群众生命和财产安全，促进经济社会持续健康发展。
> 2. 现行《安全生产法》是 2021 年修订施行的。

考点 7：生产经营单位的安全生产保障的有关规定●

> **教材点睛**　教材 P8~P12
> 法规依据：《安全生产法》第二十条~第五十一条。
> **1. 组织保障措施**：建立安全生产管理机构；明确岗位责任。
> **2. 管理保障措施**：人力资源管理、物力资源管理、经济保障措施、技术保障措施。

考点8：从业人员的安全生产权利义务的有关规定 ★●

> **教材点睛** 教材 P12~P13
>
> 法规依据：《安全生产法》第二十八条、第四十五条、第五十二条~第六十一条。
> **1. 安全生产中从业人员的权利**：知情权、批评权和检举、控告权、拒绝权、紧急避险权、请求赔偿权、获得劳动防护用品的权利、获得安全生产教育和培训的权利。
> **2. 安全生产中从业人员的义务**：自律遵规的义务、自觉学习安全生产知识的义务、危险报告义务。

考点9：安全生产监督管理的有关规定

> **教材点睛** 教材 P13~P14
>
> 法规依据：《安全生产法》第六十二条~第七十八条。
> **1. 安全生产监督管理部门**：《安全生产法》第十条规定，国务院应急管理的部门对全国安全生产工作实施综合监督管理。国务院交通运输、住房和城乡建设、水利、民航等有关部门在各自的职责范围内对有关行业、领域的安全生产工作实施监督管理。
> **2. 安全生产监督管理措施**：审查批准、验收；取缔，撤销，依法处理。
> **3. 安全生产监督管理部门的职权**：[详见 P14]；监督检查不得影响被检查单位的正常生产经营活动。

巩固练习

1.【判断题】危险物品的生产、经营、储存单位以及矿山、建筑施工单位的主要负责人和安全管理人员，应当缴费参加由有关部门对其安全生产知识和管理能力的考核，合格后方可任职。（　）

2.【判断题】生产经营单位的特种作业人员必须按照国家有关规定经生产经营单位组织的安全作业培训，方可上岗作业。（　）

3.【判断题】生产经营单位应当按照国家有关规定将本单位重大危险源及有关安全措施、应急措施报有关地方人民政府建设行政主管部门备案。（　）

4.【判断题】从业人员发现直接危及人身安全的紧急情况时，应先把紧急情况完全排除，经主管单位允许后撤离作业场所。（　）

5.【判断题】《安全生产法》的立法目的是加强安全生产工作，防止和减少生产安全事故，保障人民群众生命和财产安全，促进经济社会持续健康发展。（　）

6.【判断题】建筑施工从业人员在一百人以下的，不需要设置安全生产管理机构或者配备专职安全生产管理人员，但应当配备兼职的安全生产管理人员。（　）

7.【判断题】国家对严重危及生产安全的工艺、设备实行审批制度。（　）

8.【判断题】某施工现场将氧气瓶仓库放在临时建筑一层东侧，员工宿舍放在二层西侧，并采取了保证安全的措施。（　）

9.【判断题】生产经营单位的安全生产管理人员应当根据本单位的生产经营特点，对安全生产状况进行经常性检查；对检查中发现的安全问题，应当立即报告。（　）

10.【判断题】生产经营单位临时聘用的钢结构焊接工人不属于生产经营单位的从业人员，所以不享有相应的从业人员应享有的权利。（　）

11.【单选题】《安全生产法》主要对生产经营单位的安全生产保障、（　）、安全生产的监督管理、生产安全事故的应急救援与调查处理四个主要方面作出了规定。
A. 生产经营单位的法律责任　　B. 安全生产的执行
C. 从业人员的权利和义务　　　D. 施工现场的安全

12.【单选题】下列关于生产经营单位安全生产保障的说法中，正确的是（　）。
A. 生产经营单位可以将生产经营项目、场所、设备发包给建设单位指定认可的不具有相应资质等级的单位或个人
B. 生产经营单位的特种作业人员经过单位组织的安全作业培训方可上岗作业
C. 生产经营单位必须依法参加工伤社会保险，为从业人员缴纳保险费
D. 生产经营单位仅需要为从业人员提供劳动防护用品

13.【单选题】下列措施中，不属于生产经营单位安全生产保障措施中经济保障措施的是（　）。
A. 保证劳动防护用品、安全生产培训所需要的资金
B. 保证工伤社会保险所需要的资金
C. 保证安全设施所需要的资金
D. 保证员工食宿设备所需要的资金

14.【单选题】当从业人员发现直接危及人身安全的紧急情况时，有权停止作业或在采取可能的应急措施后撤离作业场所，这里的"权"是指（　）。
A. 拒绝权　　　　　　　　　　B. 批评权和检举、控告权
C. 紧急避险权　　　　　　　　D. 自我保护权

15.【单选题】根据《安全生产法》规定，生产经营单位与从业人员订立协议，免除或减轻其对从业人员因生产安全事故伤亡依法应承担的责任，该协议（　）。
A. 无效　　　　　　　　　　　B. 有效
C. 经备案后生效　　　　　　　D. 效力待定

16.【单选题】根据《安全生产法》规定，安全生产中从业人员的义务不包括（　）。
A. 遵守安全生产规章制度和操作规程　　B. 接受安全生产教育和培训
C. 安全隐患及时报告　　　　　　　　　D. 紧急处理安全事故

17.【单选题】以下不属于生产经营单位的从业人员的范畴的是（　）。
A. 技术人员　　　　　　　　　B. 临时聘用的钢筋工
C. 管理人员　　　　　　　　　D. 监督部门视察的监管人员

18.【单选题】下列各项中，不属于安全生产监督检查人员义务的是（　）。
A. 对检查中发现的安全生产违法行为，当场予以纠正或者要求限期改正
B. 执行监督检查任务时，必须出示有效的监督执法证件
C. 对涉及被检查单位的技术秘密和业务秘密，应当为其保密
D. 应当忠于职守，坚持原则，秉公执法

19.【多选题】生产经营单位安全生产保障措施由( )组成。
A. 经济保障措施　　　　　　　B. 技术保障措施
C. 组织保障措施　　　　　　　D. 法律保障措施
E. 管理保障措施

【答案】1. ×；2. ×；3. ×；4. ×；5. √；6. ×；7. ×；8. ×；9. ×；10. ×；11. C；12. C；13. D；14. C；15. A；16. D；17. D；18. A；19. ABCE

考点10：安全事故应急救援与调查处理的规定★

教材点睛 教材P14~P15

法规依据：《安全生产法》第七十九条~第八十九条、《生产安全事故报告和调查处理条例》

1. 生产安全事故的等级划分标准（按生产安全事故造成的人员伤亡或直接经济损失划分）

（1）特别重大事故：死亡≥30人，或重伤≥100人（包括急性工业中毒，下同），或直接经济损失≥1亿元的事故；

（2）重大事故：10人＜死亡≤30人，或50人＜重伤≤100人，或5000万元＜直接经济损失≤1亿元的事故；

（3）较大事故：3人＜死亡≤10人，或10人＜重伤≤50人，或1000万元＜直接经济损失≤5000万元的事故；

（4）一般事故：死亡≤3人，或重伤≤10人，或100万元＜直接经济损失≤1000万元的事故。

2. 生产安全事故报告

（1）生产经营单位发生生产安全事故后，事故现场有关人员应当立即报告本单位负责人。单位负责人接到事故报告后，应当按照国家有关规定立即如实报告当地负有安全生产监督管理职责的部门，不得隐瞒不报、谎报或者迟报，不得故意破坏事故现场、毁灭有关证据。

（2）特种设备发生事故的，还应当同时向特种设备安全监督管理部门报告。实行施工总承包的建设工程，由总承包单位负责上报事故。

3. 应急抢救工作：单位负责人接到事故报告后，应当迅速采取有效措施，组织抢救，防止事故扩大，减少人员伤亡和财产损失。

4. 事故的调查：事故调查处理应当按照科学严谨、依法依规、实事求是、注重实效的原则，及时、准确地查清事故原因，查明事故性质和责任，评估应急处置工作总结事故教训，提出整改措施，并对事故责任者提出处理建议。

巩固练习

1.【判断题】某施工现场脚手架倒塌，造成3人死亡8人重伤，根据《生产安全事故

报告和调查处理条例》规定，该事故等级属于一般事故。（ ）

2.【判断题】某化工厂施工过程中造成化学品试剂外泄导致现场15人死亡，120人急性工业中毒，根据《生产安全事故报告和调查处理条例》规定，该事故等级属于重大事故。（ ）

3.【判断题】生产经营单位发生生产安全事故后，事故现场相关人员应当立即报告施工项目经理。（ ）

4.【判断题】某实行施工总承包的建设工程的分包单位所承担的分包工程发生生产安全事故，分包单位负责人应当立即如实报告给当地建设行政主管部门。（ ）

5.【单选题】根据《生产安全事故报告和调查处理条例》规定：造成10人及以上30人以下死亡，或者50人及以上100人以下重伤，或者5000万元及以上1亿元以下直接经济损失的事故属于（ ）。

  A. 重伤事故   B. 较大事故
  C. 重大事故   D. 死亡事故

6.【单选题】某市地铁工程施工作业面内，因大量水和流砂涌入，引起部分结构损坏及周边地区地面沉降，造成3栋建筑物严重倾斜，直接经济损失约合1.5亿元。根据《生产安全事故报告和调查处理条例》规定，该事故等级属于（ ）。

  A. 特别重大事故   B. 重大事故
  C. 较大事故   D. 一般事故

7.【单选题】以下关于安全事故调查的说法中，错误的是（ ）。

A. 重大事故由事故发生地省级人民政府负责调查
B. 较大事故的事故发生地与事故发生单位不在同一个县级以上行政区域的，由事故发生单位所在地的人民政府负责调查，事故发生地人民政府应当派人参加
C. 一般事故以下等级事故，可由县级人民政府直接组织事故调查，也可由上级人民政府组织事故调查
D. 特别重大事故由国务院或者国务院授权有关部门组织事故调查组进行调查

8.【多选题】国务院颁布的《生产安全事故报告和调查处理条例》规定：根据生产安全事故造成的人员伤亡或者直接经济损失，以下事故等级分类正确的有（ ）。

A. 造成120人急性工业中毒的事故为特别重大事故
B. 造成8000万元直接经济损失的事故为重大事故
C. 造成3人死亡、800万元直接经济损失的事故为一般事故
D. 造成10人死亡、50人重伤的事故为较大事故
E. 造成10人死亡、35人重伤的事故为重大事故

9.【多选题】国务院《生产安全事故报告和调查处理条例》规定，事故一般分为（ ）等级。

  A. 特别重大事故   B. 重大事故
  C. 大事故   D. 一般事故
  E. 较大事故

【答案】1.×；2.×；3.×；4.×；5.C；6.A；7.B；8.ABE；9.ABDE

第三节 《建设工程安全生产管理条例》《建设工程质量管理条例》

考点11：《安全生产管理条例》★●

教材点睛 教材P15~P19

1. **立法目的：**加强建设工程安全生产监督管理，保障人民群众生命和财产安全。
2. 现行《建设工程安全生产管理条例》是 **2004** 年修订施行的。
3. 《安全生产管理条例》关于施工单位的安全责任的有关规定

法规依据：《安全生产管理条例》第二十条~第三十八条。

(1) 施工单位有关人员的安全责任

1) 施工单位主要负责人（法人及施工单位全面负责、有生产经营决策权的人）：依法对本单位的安全生产工作全面负责。

2) 施工单位的项目负责人（具有建造师执业资格的项目经理）：对建设工程项目的安全全面负责。

3) 专职安全生产管理人员（具有安全生产考核合格证书）：对安全生产进行现场监督检查。发现安全事故隐患，应当及时向项目负责人和安全生产管理机构报告；对于违章指挥、违章操作的，应当立即制止。

(2) 总承包单位和分包单位的安全责任：总承包单位对施工现场的安全生产负总责，分包单位应当服从总承包单位的安全生产管理；总承包单位和分包单位对分包工程的安全生产承担连带责任，但分包单位不服从管理导致生产安全事故的，由分包单位承担主要责任。

(3) 安全生产教育培训

1) 管理人员的考核：施工单位的主要负责人、项目负责人、专职安全生产管理人员应当经建设行政主管部门或者其他有关部门考核合格后方可任职。

2) 作业人员的安全生产教育培训：日常培训、新岗位培训、特种作业人员的专门培训。

(4) 施工单位应采取的安全措施：编制安全技术措施、施工现场临时用电方案和专项施工方案；实行安全施工技术交底；设置施工现场安全警示标志；采取施工现场安全防护措施；施工现场的布置应当符合安全和文明施工要求；采取周边环境防护措施；制定实施施工现场消防安全措施；加强安全防护设备、起重机械设备管理；为施工现场从事危险作业人员办理意外伤害保险。

巩固练习

1. 【判断题】建设工程施工前，施工单位负责该项目管理的施工员应当对有关安全施工的技术要求向施工作业班组、作业人员做出详细说明，并由双方签字确认。（　　）

2. 【判断题】施工技术交底的目的是使现场施工人员对安全生产有所了解，最大限度避免安全事故的发生。（　　）

3. 【判断题】施工单位应当在施工现场入口处、施工起重机械、临时用电设施、脚手架等危险部位，设置明显的安全警示标志。（　　）

4. 【单选题】以下关于专职安全生产管理人员的说法中，有误的是（　　）。
   A. 施工单位安全生产管理机构的负责人及其工作人员属于专职安全生产管理人员
   B. 施工现场专职安全生产管理人员属于专职安全生产管理人员
   C. 专职安全生产管理人员是指经过建设单位安全生产考核合格取得安全生产考核证书的专职人员
   D. 专职安全生产管理人员应当对安全生产进行现场监督检查

5. 【单选题】下列安全生产教育培训中不是施工单位必须做的是（　　）。
   A. 施工单位的主要负责人的考核
   B. 特种作业人员的专门培训
   C. 作业人员进入新岗位前的安全生产教育培训
   D. 监理人员的考核培训

6. 【单选题】《特种设备安全监察条例》规定的施工起重机械，在验收前应当经有相应资质的检验检测机构监督检验合格。施工单位应当自施工起重机械和整体提升脚手架、模板等自升式架设设施验收合格之日起（　　）日内，向建设行政主管部门或者其他有关部门登记。
   A. 15　　　B. 30　　　C. 7　　　D. 60

7. 【多选题】以下关于总承包单位和分包单位的安全责任的说法中，正确的是（　　）。
   A. 总承包单位应当自行完成建设工程主体结构的施工
   B. 总承包单位对施工现场的安全生产负总责
   C. 经业主认可，分包单位可以不服从总承包单位的安全生产管理
   D. 分包单位不服从管理导致生产安全事故的，由总承包单位承担主要责任
   E. 总承包单位和分包单位对分包工程的安全生产承担连带责任

8. 【多选题】根据《建设工程安全生产管理条例》，应编制专项施工方案，并附具安全验算结果的分部分项工程包括（　　）。
   A. 深基坑工程　　　　　　　　B. 起重吊装工程
   C. 模板工程　　　　　　　　　D. 楼地面工程
   E. 脚手架工程

9. 【多选题】施工单位应当根据论证报告修改完善专项方案，并经（　　）签字后，方可组织实施。
   A. 施工单位技术负责人　　　　B. 总监理工程师
   C. 项目监理工程师　　　　　　D. 建设单位项目负责人

E. 建设单位法人

10.【多选题】施工单位使用承租的机械设备和施工机具及配件的，由（　）共同验收。

A. 施工总承包单位　　　　　B. 出租单位
C. 分包单位　　　　　　　　D. 安装单位
E. 建设监理单位

【答案】1.√；2.×；3.√；4.C；5.D；6.B；7.ABE；8.ABCE；9.AB；10.ABCD

考点12：《建设工程质量管理条例》★●

> **教材点睛** 教材 P19～P20
>
> **1. 立法目的：** 加强对建设工程质量的管理，保证建设工程质量，保护人民生命和财产安全。
>
> **2.** 现行《建设工程质量管理条例》（以下简称《质量管理条例》）是 **2019** 年修订的。
>
> **3.**《质量管理条例》关于施工单位的质量责任和义务的有关规定
>
> 法规依据：《质量管理条例》第二十五条～第三十三条。
>
> （1）依法承揽工程：施工单位应依法取得相应等级的资质证书，在资质等级许可范围内承揽工程；禁止以超资质、挂靠、被挂靠等方式承揽工程；不得转包或者违法分包工程。
>
> （2）施工单位的质量责任：施工单位对建设工程的施工质量负责。建设工程实行总承包的，总承包单位应当对全部建设工程质量负责；建设工程勘察、设计、施工、设备采购的一项或者多项实行总承包的，总承包单位应当对其承包的建设工程或者采购的设备的质量负责；分包单位应当对其分包工程的质量向总承包单位负责，总承包单位与分包单位对分包工程的质量承担连带责任。
>
> （3）施工单位的质量义务：按图施工；对建筑材料、构配件和设备进行检验的责任；对施工质量进行检验的责任；见证取样；保修责任。

巩固练习

1.【判断题】施工人员对涉及结构安全的试块、试件以及有关材料，应当在建设单位或者工程监理单位监督下现场取样，并送具有相应资质等级的质量检测单位进行检测。
（　　）

2.【判断题】在建设单位竣工验收合格前，施工单位应对质量问题履行返修义务。
（　　）

3.【单选题】某项目分期开工建设，开发商二期工程3、4号楼仍然复制使用一期工程施工图纸。施工时施工单位发现该图纸使用的02标准图集现已废止，按照《质量管理条例》的规定，施工单位正确的做法是（　）。

A. 继续按图施工，因为按图施工是施工单位的本分
B. 按现行图集套改后继续施工
C. 及时向有关单位提出修改意见
D. 由施工单位技术人员修改图纸

4.【单选题】根据《质量管理条例》规定，施工单位应当对建筑材料、建筑构配件、设备和商品混凝土进行检验，下列做法不符合规定的是( )。
A. 未经检验的，不得用于工程上
B. 检验不合格的，应当重新检验，直至合格
C. 检验要按规定的格式形成书面记录
D. 检验要有相关的专业人员签字

5.【单选题】根据法律法规关于工程返修的规定，下列说法正确的是( )。
A. 对施工过程中出现质量问题的建设工程，若非施工单位原因造成的，施工单位不负责返修
B. 对施工过程中出现质量问题的建设工程，无论是否施工单位原因造成的，施工单位都应负责返修
C. 对竣工验收不合格的建设工程，若非施工单位原因造成的，施工单位不负责返修
D. 对竣工验收不合格的建设工程，若是施工单位原因造成的，施工单位负责有偿返修

6.【多选题】以下各项中，属于施工单位的质量责任和义务的有( )。
A. 建立质量保证体系
B. 按图施工
C. 对建筑材料、构配件和设备进行检验的责任
D. 组织竣工验收
E. 见证取样

【答案】1.√；2.√；3.C；4.B；5.B；6.ABCE

第四节 《劳动法》《劳动合同法》

考点13：《劳动法》《劳动合同法》立法目的

> **教材点睛** 教材 P20~P21
>
> 1.《劳动法》立法目的：保护劳动者的合法权益，调整劳动关系，建立和维护适应社会主义市场经济的劳动制度，促进经济发展和社会进步。现行《劳动法》是2018年第二次修订施行的。
>
> 2.《劳动合同法》立法目的：完善劳动合同制度，明确劳动合同双方当事人的权利和义务，保护劳动者的合法权益，构建和发展和谐稳定的劳动关系。现行《劳动合同法》是2013年修订施行的。

考点14：《劳动法》《劳动合同法》关于劳动合同和集体合同的有关规定 ★●

> **教材点睛** 教材 P21～P26

法规依据：关于劳动合同的条文《劳动法》第十六条～第三十二条，《劳动合同法》第七条～第五十条；

关于集体合同的条文《劳动法》第三十三条～第三十五条，《劳动合同法》第五十一条～第五十六条。

1. 劳动合同分类：分为固定期限劳动合同、无固定期限劳动合同和以完成一定工作任务为期限的劳动合同。集体合同实际上是一种特殊的劳动合同。

2. 劳动合同的订立

（1）劳动合同的类型：固定期限劳动合同、以完成一定工作为期限的劳动合同、无固定期限劳动合同。

（2）应当订立无固定期限劳动合同的情况：劳动者在该用人单位连续工作满10年的；用人单位初次实行劳动合同制度或者国有企业改制重新订立劳动合同时，劳动者在该用人单位连续工作满10年且距法定退休年龄不足10年的；连续同一单位连续订立两次固定期限劳动合同的。

（3）订立劳动合同的时间限制：建立劳动关系，应当订立书面劳动合同。

3. 劳动合同无效的情况

（1）以欺诈、胁迫的手段或者乘人之危，使对方在违背真实意思的情况下订立或者变更劳动合同的。

（2）用人单位免除自己的法定责任、排除劳动者权利的。

（3）违反法律、行政法规强制性规定的。

劳动合同部分无效，不影响其他部分效力的，其他部分仍然有效。

4. 劳动合同的解除【详见 P24～P26】

5. 集体合同的内容与订立

（1）**集体合同的主要内容**：包括劳动报酬、工作时间、休息休假、劳动安全卫生、保险福利等事项，也可以就劳动安全卫生、女职工权益保护、工资调整机制等事项订立专项集体合同。

（2）**集体合同的签订人**：工会代表职工或由职工推举的代表。

（3）**集体合同的效力**：对企业和企业全体职工具有约束力。职工个人与企业订立的劳动合同中劳动条件和劳动报酬等标准不得低于集体合同的规定。

（4）**集体合同争议的处理**：因履行集体合同发生争议，经协商解决不成的，工会或职工协商代表可以自劳动争议发生之日起1年内向劳动争议仲裁委员会申请劳动仲裁；对劳动仲裁结果不服的，可以自收到仲裁裁决书之日起15日内向人民法院提起诉讼。

考点 15：《劳动法》关于劳动安全卫生的有关规定●

> **教材点睛** 教材 P26~P27
>
> 法规依据：《劳动法》第五十二条～第五十七条。
> **1. 劳动安全卫生的概念：** 指直接保护劳动者在劳动中的安全和健康的法律保护。
> **2. 用人单位和劳动者应当遵守的劳动安全卫生法律规定。【详见 P27】**

巩固练习

1.【判断题】《劳动合同法》的立法目的是完善劳动合同制度，建立和维护适应社会主义市场经济的劳动制度，明确劳动合同双方当事人的权利和义务，保护劳动者的合法权益，构建和发展和谐稳定的劳动关系。　　　　　　　　　　　　　　　（　）

2.【判断题】用人单位和劳动者之间订立的劳动合同可以采用书面或口头形式。
（　）

3.【判断题】已建立劳动关系，未同时订立书面劳动合同的，应当自用工之日起一个月内订立书面劳动合同。　　　　　　　　　　　　　　　　　　　　　（　）

4.【判断题】用人单位违反集体合同，侵犯职工劳动权益的，职工可以要求用人单位承担责任。　　　　　　　　　　　　　　　　　　　　　　　　　　　　（　）

5.【单选题】下列社会关系中，属于《劳动法》调整的劳动关系的是(　　)。

A. 施工单位与某个体经营者之间的加工承揽关系

B. 劳动者与施工单位之间在劳动过程中发生的关系

C. 家庭雇佣劳动关系

D. 社会保险机构与劳动者之间的关系

6.【单选题】2015 年 2 月 1 日小李经过面试合格后并与某建筑公司签订了为期 5 年的用工合同，并约定了试用期，则试用期最迟至(　　)。

A. 2015 年 2 月 28 日　　　　　　　B. 2015 年 5 月 31 日

C. 2015 年 8 月 1 日　　　　　　　　D. 2016 年 2 月 1 日

7.【单选题】甲建筑材料公司聘请王某担任推销员，双方签订劳动合同，合同中约定如果王某完成承包标准，每月基本工资 1000 元，超额部分按 40% 提成，若不完成任务，可由公司扣减工资。下列选项中表述正确的是(　　)。

A. 甲建筑材料公司不得扣减王某工资

B. 由于在试用期内，所以甲建筑材料公司的做法是符合《劳动合同法》的

C. 甲公司可以扣发王某的工资，但是不得低于用人单位所在地的最低工资标准

D. 试用期内的工资不得低于本单位相同岗位的最低档工资

8.【单选题】贾某与乙建筑公司签订了一份劳动合同，在合同尚未期满时，贾某拟解除劳动合同。根据规定，贾某应当提前(　　)日以书面形式通知用人单位。

A. 3　　　　　　　　　　　　　　　B. 10

C. 15　　　　　　　　　　　　　　　D. 30

17

9.【单选题】在下列情形中，用人单位可以解除劳动合同，但应当提前 30 天以书面形式通知劳动者本人的是(　　)。

　　A. 小王在试用期内迟到早退，不符合录用条件

　　B. 小李因盗窃被判刑

　　C. 小张在外出执行任务时负伤，失去左腿

　　D. 小吴下班时间酗酒摔伤住院，出院后不能从事原工作也拒不从事单位另行安排的工作

10.【单选题】按照《劳动合同法》的规定，在下列选项中，用人单位提前 30 天以书面形式通知劳动者本人或额外支付 1 个月工资后可以解除劳动合同的情形是(　　)。

　　A. 劳动者患病或非工负伤在规定的医疗期满后不能胜任原工作的

　　B. 劳动者试用期间被证明不符合录用条件的

　　C. 劳动者被依法追究刑事责任的

　　D. 劳动者不能胜任工作，经培训或调整岗位仍不能胜任工作的

11.【单选题】王某应聘到某施工单位，双方于 4 月 15 日签订为期 3 年的劳动合同，其中约定试用期 3 个月，次日合同开始履行，7 月 18 日，王某拟解除劳动合同，则(　　)。

　　A. 必须取得用人单位同意

　　B. 口头通知用人单位即可

　　C. 应提前 30 日以书面形式通知用人单位

　　D. 应报请劳动行政主管部门同意后以书面形式通知用人单位

12.【单选题】2013 年 1 月，甲建筑材料公司聘请王某担任推销员，但 2013 年 3 月，由于王某怀孕，身体健康状况欠佳，未能完成任务，为此，公司按合同的约定扣减工资，只发放生活费，其后，又有两个月均未能完成承包任务，因此，甲公司作出解除与王某的劳动合同。下列选项中表述正确的是(　　)。

　　A. 由于在试用期内，甲公司可以随时解除劳动合同

　　B. 由于王某不能胜任工作，甲公司应提前 30 日通知王某，解除劳动合同

　　C. 甲公司可以支付王某一个月工资后解除劳动合同

　　D. 由于王某在怀孕期间，所以甲公司不能解除劳动合同

13.【多选题】无效的劳动合同，从订立的时候起，就没有法律约束力。下列属于无效的劳动合同的有(　　)。

　　A. 报酬较低的劳动合同

　　B. 违反法律、行政法规强制性规定的劳动合同

　　C. 采用欺诈、威胁等手段订立的严重损害国家利益的劳动合同

　　D. 未规定明确合同期限的劳动合同

　　E. 劳动内容约定不明确的劳动合同

14.【多选题】关于劳动合同变更，下列表述中正确的有(　　)。

　　A. 用人单位与劳动者协商一致，可变更劳动合同的内容

　　B. 变更劳动合同只能在合同订立之后、尚未履行之前进行

　　C. 变更后的劳动合同文本由用人单位和劳动者各执一份

D. 变更劳动合同，应采用书面形式
E. 建筑公司可以单方变更劳动合同，变更后劳动合同有效

15.【多选题】根据《劳动合同法》，劳动者有下列（　　）情形之一的，用人单位可随时解除劳动合同。
A. 在试用期间被证明不符合录用条件的
B. 严重失职，营私舞弊，给用人单位造成重大损害的
C. 劳动者不能胜任工作，经过培训或者调整工作岗位，仍不能胜任工作的
D. 劳动者患病，在规定的医疗期满后不能从事原工作，也不能从事由用人单位另行安排的工作的
E. 被依法追究刑事责任

16.【多选题】某建筑公司发生以下事件：职工李某因工负伤而丧失劳动能力；职工王某因盗窃自行车一辆而被公安机关给予行政处罚；职工徐某怀孕；职工陈某被派往境外逾期未归；职工张某因工程重大安全事故罪被判刑。对此，建筑公司可以随时解除劳动合同的有（　　）。
A. 李某　　　　　　　　B. 王某
C. 徐某　　　　　　　　D. 陈某
E. 张某

17.【多选题】在下列情形中，用人单位不得解除劳动合同的有（　　）。
A. 劳动者被依法追究刑事责任
B. 女职工在孕期、产期、哺乳期
C. 患病或者非因工负伤，在规定的医疗期内的
D. 因工负伤被确认丧失或者部分丧失劳动能力
E. 劳动者不能胜任工作，经过培训，仍不能胜任工作

18.【多选题】下列情况中，劳动合同终止的有（　　）。
A. 劳动者开始依法享受基本养老待遇
B. 劳动者死亡
C. 用人单位名称发生变更
D. 用人单位投资人变更
E. 用人单位被依法宣告破产

【答案】1. ×；2. ×；3. √；4. ×；5. B；6. C；7. C；8. D；9. D；10. D；11. C；12. D；13. BC；14. ACD；15. ABE；16. DE；17. BCD；18. ABE

第二章 建筑材料

第一节 无机胶凝材料

考点 16：无机胶凝材料的分类及特性 ★●

> **教材点睛** 教材 P28～P29

无机胶凝材料类型	适用环境	代表材料
气硬性胶凝材料	只适用于干燥环境	石灰、石膏、水玻璃
水硬性胶凝材料	既能适用于干燥环境，也适用于潮湿环境及水中工程	水泥

考点 17：通用水泥的特性、主要技术性质及应用 ★●

> **教材点睛** 教材 P29～P32

1. 通用水泥的特性及应用：详见表 2-3【P29】
2. 通用水泥的主要技术性质：细度、标准稠度及其用水量、凝结时间、体积安定性、强度、水化热。
3. 特性水泥的分类、特性及应用
（1）快硬硅酸盐水泥（快硬水泥）：硅酸盐水泥熟料加适量石膏磨细制成。
1）适用范围：可用于紧急抢修工程、低温施工工程等，可配制成早强、高等级混凝土。
2）优缺点：凝结硬化快，早期强度增长率高。快硬水泥易受潮变质，故储运时须特别注意防潮，并应及时使用，不宜久存，出厂超过 1 个月，应重新检验，合格后方可使用。
（2）白色硅酸盐水泥（白水泥）、彩色硅酸盐水泥（彩色水泥）。
1）白水泥组成：以白色硅酸盐水泥熟料，加入适量石膏，经磨细制成的水硬性胶凝材料。
2）彩色水泥组成：①在白水泥的生料中加入少量金属氧化物，直接烧成彩色水泥熟料，然后再加适量石膏磨细而成。②为白水泥熟料、适量石膏及碱性颜料共同磨细而成。
3）适用范围：主要用于建筑物内外的装饰。配以大理石、白云石石子和石英砂等粗细骨料，可以拌制成彩色砂浆和混凝土，做成彩色水磨石、水刷石等。
（3）膨胀水泥：以适当比例的硅酸盐水泥或普通硅酸盐水泥、铝酸盐水泥等和天然二水石膏磨制而成的膨胀性的水硬性胶凝材料。
1）我国常用的膨胀水泥有：硅酸盐、铝酸盐、硫铝酸及铁铝酸盐膨胀水泥等。
2）适用范围：主要用于收缩补偿混凝土工程，防渗混凝土（屋顶防渗、水池等），防渗砂浆，结构的加固，构件接缝、接头的灌浆，固定设备的基座及地脚螺栓等。

巩固练习

1.【判断题】气硬性胶凝材料只能在空气中凝结、硬化、保持和发展强度，一般只适用于干燥环境，不宜用于潮湿环境与水中；水硬性胶凝材料则只能适用于潮湿环境与水中。（　　）

2.【判断题】通常将水泥、矿物掺合料、粗细骨料、水和外加剂按一定的比例配制而成的、干表观密度为2000～3000kg/m³的混凝土称为普通混凝土。（　　）

3.【单选题】属于水硬性胶凝材料的是（　　）。
A. 石灰　　　　　　　　　　B. 石膏
C. 水泥　　　　　　　　　　D. 水玻璃

4.【单选题】气硬性胶凝材料一般只适用于（　　）环境中。
A. 干燥　　　　　　　　　　B. 干湿交替
C. 潮湿　　　　　　　　　　D. 水中

5.【单选题】下列（　　）是不属于按用途和性能对水泥分类的。
A. 通用水泥　　　　　　　　B. 专用水泥
C. 特性水泥　　　　　　　　D. 多用水泥

6.【单选题】下列关于建筑工程常用的特性水泥的特性及应用的表述中，不正确的是（　　）。
A. 白水泥和彩色水泥主要用于建筑物内外的装饰
B. 膨胀水泥主要用于收缩补偿混凝土工程，防渗混凝土，防渗砂浆，结构的加固，构件接缝、接头的灌浆，固定设备的基座及地脚螺栓等
C. 快硬水泥易受潮变质，故储运时须特别注意防潮，并应及时使用，不宜久存，出厂超过3个月，应重新检验，合格后方可使用
D. 快硬硅酸盐水泥可用于紧急抢修工程、低温施工工程等，可配制成早强、高等级混凝土

7.【多选题】下列关于通用水泥的特性及应用的基本规定中，表述正确的是（　　）。
A. 复合硅酸盐水泥适用于早期强度要求高的工程及冬期施工的工程
B. 矿渣硅酸盐水泥适用于大体积混凝土工程
C. 粉煤灰硅酸盐水泥适用于有抗渗要求的工程
D. 火山灰质硅酸盐水泥适用于抗裂性要求较高的构件
E. 硅酸盐水泥适用于严寒地区遭受反复冻融循环作用的混凝土工程

8.【多选题】下列各项，属于通用水泥的主要技术性质指标的是（　　）。
A. 细度　　　　　　　　　　B. 凝结时间
C. 黏聚性　　　　　　　　　D. 体积安定性
E. 水化热

【答案】1. ×；2. ×；3. C；4. A；5. D；6. C；7. BE；8. ABDE

第二节 混 凝 土

考点18：普通混凝土 ★●

教材点睛 教材 P32~P34

1. 普通混凝土（干表观密度为2000~2800kg/m³）的分类

普通混凝土分类一览表

按用途分类	结构混凝土、抗渗混凝土、抗冻混凝土、大体积混凝土、水工混凝土、耐热混凝土、耐酸混凝土、装饰混凝土等	普通混凝土广泛用于建筑、桥梁、道路、水利、码头、海洋等工程
按强度等级分类	普通强度混凝土（<C60）、高强混凝土（≥C60）、超高强混凝土（≥C100）	
按施工工艺分类	喷射混凝土、泵送混凝土、碾压混凝土、压力灌浆混凝土、离心混凝土、真空脱水混凝土	

2. 普通混凝土的主要技术性质

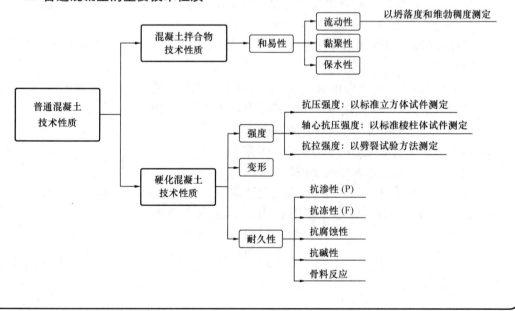

22

教材点睛 教材 P34～P36(续)

3. 普通混凝土的组成材料及其主要技术要求

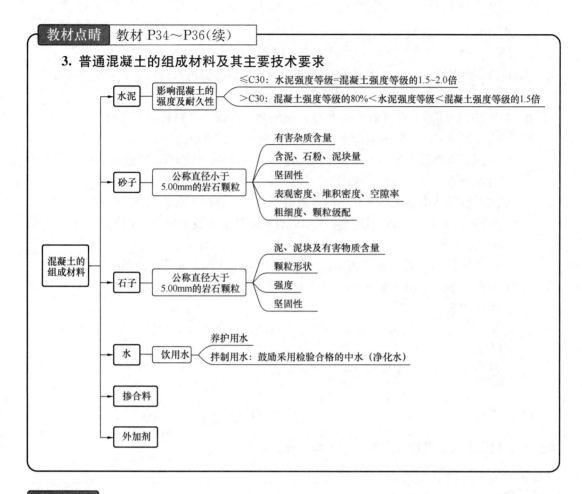

巩固练习

1.【判断题】混凝土立方体抗压强度标准值系指按照标准方法制成边长为150mm的标准立方体试件，在标准条件（温度20±2℃，相对湿度为95%以上）下养护28d，然后采用标准试验方法测得的极限抗压强度值。（　　）

2.【判断题】混凝土的轴心抗压强度是采用150mm×150mm×500mm棱柱体作为标准试件，在标准条件（温度20±2℃，相对湿度为95%以上）下养护28d，采用标准试验方法测得的抗压强度值。（　　）

3.【判断题】我国目前采用劈裂试验方法测定混凝土的抗拉强度。劈裂试验方法是采用边长为150mm的立方体标准试件，按规定的劈裂拉伸试验方法测定的混凝土的劈裂抗拉强度。（　　）

4.【单选题】下列关于普通混凝土的分类方法中错误的是（　　）。

A. 按用途分为结构混凝土、抗渗混凝土、抗冻混凝土、大体积混凝土、水工混凝土、耐热混凝土、耐酸混凝土、装饰混凝土等

B. 按强度等级分为普通强度混凝土、高强混凝土、超高强混凝土

C. 按强度等级分为低强度混凝土、普通强度混凝土、高强混凝土、超高强混凝土

D. 按工艺分为喷射混凝土、泵送混凝土、碾压混凝土、压力灌浆混凝土、离心混凝

土、真空脱水混凝土

5.【单选题】下列关于混凝土的耐久性的相关表述中，正确的是（　　）。

A. 抗渗等级是以 28d 龄期的标准试件，用标准试验方法进行试验，以每组八个试件，六个试件未出现渗水时，所能承受的最大静水压来确定

B. 主要包括抗渗性、抗冻性、耐久性、抗碳化、抗碱—骨料反应等方面

C. 抗冻等级是 28d 龄期的混凝土标准试件，在浸水饱和状态下，进行冻融循环试验，以抗压强度损失不超过 20%，同时质量损失不超过 10%时，所能承受的最大冻融循环次数来确定

D. 当工程所处环境存在侵蚀介质时，对混凝土必须提出耐久性要求

6.【多选题】下列关于普通混凝土的组成材料及其主要技术要求的相关说法中，正确的是（　　）。

A. 一般情况下，中、低强度的混凝土，水泥强度等级为混凝土强度等级的 1.0～1.5 倍

B. 天然砂的坚固性用硫酸钠溶液法检验，砂样经 5 次循环后其质量损失应符合国家标准的规定

C. 和易性一定时，采用粗砂配制混凝土，可减少拌合用水量，节约水泥用量

D. 按水源不同分为饮用水、地表水、地下水、海水及工业废水

E. 混凝土用水应优先采用符合国家标准的饮用水

【答案】1. √；2. ×；3. √；4. C；5. B；6. BCE

考点 19：轻混凝土、高性能混凝土、预拌混凝土 ★●

> **教材点睛**　教材 P36～P37
>
> **1. 轻混凝土**
> **（1）轻混凝土的分类**
>
>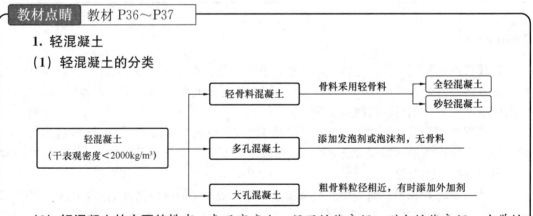
>
> **（2）轻混凝土的主要特性有**：表观密度小、保温性能良好、耐火性能良好、力学性能良好、易于加工。
>
> **（3）适用范围**：主要用于非承重的墙体及保温、隔声材料。轻骨料混凝土还可用于承重结构，以达到减轻自重的目的。
>
> **2. 高性能混凝土**
> **（1）高性能混凝土主要特性**：具有一定的强度和高抗渗能力；具有良好的工作性、耐久性好；具有较高的体积稳定性（早期水化热低、后期收缩变形小）。

> **教材点睛** 教材 P36~P37(续)

(2) 适用范围：桥梁工程、高层建筑、工业厂房结构、港口及海洋工程、水工结构等工程。

3. 预拌混凝土（商品混凝土）：预拌混凝土设备利用率高，计量准确，产品质量好、材料消耗少、工效高、成本较低，又能改善劳动条件，减少环境污染。

考点 20：常用混凝土外加剂的品种及应用★

> **教材点睛** 教材 P37~P39

1. 混凝土外加剂的分类及主要功能

序号	外加剂分类及主要功能	代表外加剂名称
1	改善混凝土拌合物流变性的外加剂	减水剂、泵送剂等
2	调节混凝土凝结时间、硬化性能的外加剂	缓凝剂、速凝剂、早强剂等
3	改善混凝土耐久性的外加剂	引气剂、防水剂、阻锈剂和矿物外加剂等
4	改善混凝土其他性能的外加剂	加气剂、膨胀剂、防冻剂和着色剂等

2. 混凝土外加剂常用品种：减水剂、早强剂、氯盐类早强剂、硫酸盐类早强剂、缓凝剂、引气剂、膨胀剂、防冻剂、泵送剂、速凝剂（用于喷射混凝土、堵漏等）。

巩固练习

1.【判断题】轻混凝土主要用于非承重的墙体及保温、隔声材料。（   ）
2.【判断题】混凝土外加剂按照其主要功能分为高性能减水剂、高效减水剂、普通减水剂、引气减水剂、泵送剂、早强剂、缓凝剂和引气剂共八类。（   ）
3.【单选题】下列表述中，不属于高性能混凝土的主要特性的是（   ）。
A. 具有一定的强度和高抗渗能力　　B. 具有良好的工作性
C. 力学性能良好　　D. 具有较高的体积稳定性
4.【单选题】轻混凝土的干表观密度是（   ）。
A. <1000kg/m³　　B. <1200kg/m³
C. <1500kg/m³　　D. <2000kg/m³
5.【单选题】下列各项中，不属于常用早强剂的是（   ）。
A. 氯盐类早强剂　　B. 硝酸盐类早强剂
C. 硫酸盐类早强剂　　D. 有机胺类早强剂
6.【单选题】改善混凝土拌合物和易性的外加剂是（   ）。
A. 缓凝剂　　B. 早强剂
C. 引气剂　　D. 速凝剂

7. 【单选题】下列关于膨胀剂、防冻剂、泵送剂、速凝剂的相关说法中,错误的是( )。
   A. 膨胀剂是能使混凝土产生一定体积膨胀的外加剂
   B. 常用防冻剂有氯盐类、氯盐阻锈类、氯盐与阻锈剂为主复合的外加剂、硫酸盐类
   C. 泵送剂是改善混凝土泵送性能的外加剂
   D. 速凝剂主要用于喷射混凝土、堵漏等

8. 【多选题】预拌混凝土(商品混凝土)的特点有( )。
   A. 设备利用率高   B. 成本较低
   C. 改善劳动条件   D. 材料消耗大
   E. 减少环境污染

9. 【多选题】下列各项中,属于减水剂的是( )。
   A. 高效减水剂   B. 早强减水剂
   C. 复合减水剂   D. 缓凝减水剂
   E. 泵送减水剂

10. 【多选题】混凝土缓凝剂主要用于( )的施工。
    A. 高温季节混凝土   B. 蒸养混凝土
    C. 大体积混凝土   D. 滑模工艺混凝土
    E. 商品混凝土

11. 【多选题】混凝土引气剂适用于( )的施工。
    A. 蒸养混凝土   B. 大体积混凝土
    C. 抗冻混凝土   D. 防水混凝土
    E. 泌水严重的混凝土

【答案】1. √; 2. √; 3. C; 4. D; 5. B; 6. C; 7. B; 8. ABCE; 9. ABD; 10. ACD; 11. CDE

第三节 砂 浆

考点 21:砂浆 ★●

教材点睛 教材 P39～P41

1. 砂浆的分类、特性及应用

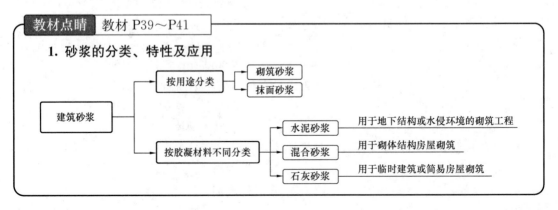

26

教材点睛 教材 P39～P41(续)

2. 砌筑砂浆的主要技术性质

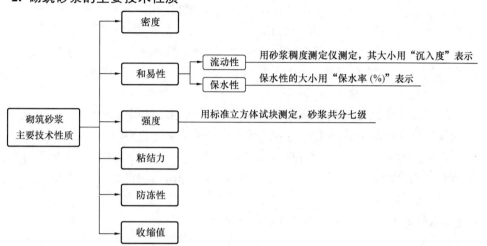

3. 砌筑砂浆的组成材料及其技术要求

（1）胶凝材料（水泥）

1）常用水泥品种：普通水泥、矿渣水泥、火山灰水泥、粉煤灰水泥和砌筑水泥等。

2）根据砂浆品种及强度等级选用水泥品种：M15 及以下强度等级的砌筑砂浆宜选用 42.5 级通用硅酸盐水泥或砌筑水泥；M15 以上强度等级的砌筑砂浆宜选用 42.5 级通用硅酸盐水泥。

（2）细骨料（砂）：除毛石砌体宜选用粗砂外，其他一般宜选用中砂。砂的含泥量不应超过 5%。

（3）水：选用不含有害杂质的洁净水来拌制砂浆。

（4）掺加料有：石灰膏（严禁使用脱水硬化的石灰膏）、电石膏（没有乙炔气味后，方可使用）、粉煤灰。【消石灰粉不得直接用于砌筑砂浆中】

（5）外加剂常用的有：有机塑化剂、引气剂、早强剂、缓凝剂、防冻剂等。

巩固练习

1.【判断题】M15 以上强度等级的砌筑砂浆宜选用 42.5 级通用硅酸盐水泥。（　　）

2.【单选题】下列对于砂浆与水泥的说法中错误的是(　　)。

A. 根据胶凝材料的不同，建筑砂浆可分为石灰砂浆、水泥砂浆和混合砂浆

B. 水泥属于水硬性胶凝材料，因而只能在潮湿环境与水中凝结、硬化、保持和发展强度

C. 水泥砂浆强度高、耐久性和耐火性好，常用于地下结构或经常受水侵蚀的砌体部位

D. 水泥按其用途和性能可分为通用水泥、专用水泥以及特性水泥

3.【单选题】下列关于砌筑砂浆主要技术性质的说法中，错误的是(　　)。

A. 砌筑砂浆的技术性质主要包括新拌砂浆的密度、和易性、硬化砂浆强度等指标

B. 流动性的大小用"沉入度"表示，通常用砂浆稠度测定仪测定

C. 砂浆流动性的选择与砌筑种类、施工方法及天气情况有关。流动性过大，砂浆太稀，不仅铺砌难，而且硬化后强度降低；流动性过小，砂浆太稠，难于铺平

D. 砂浆的强度是以5个150mm×150mm×150mm的立方体试块，在标准条件下养护28d后，用标准方法测得的抗压强度（MPa）算术平均值来评定的

4.【单选题】下列关于砌筑砂浆的组成材料及其技术要求的说法中，正确的是（　　）。

A. M15及以下强度等级的砌筑砂浆宜选用42.5级通用硅酸盐水泥或砌筑水泥

B. 砌筑砂浆常用的细骨料为普通砂，砂的含泥量不应超过5%

C. 生石灰熟化成石灰膏时，熟化时间不得少于7d；磨细生石灰粉的熟化时间不得少于3d

D. 制作电石膏的电石渣应用孔径不大于3mm×3mm的网过滤，检验时应加热至70℃并保持60min

5.【单选题】不得直接用于砌筑砂浆中的材料是（　　）。
A. 粉煤灰　　　　　　　　　B. 外加剂
C. 消石灰粉　　　　　　　　D. 石灰膏

6.【多选题】砂浆常用的外加剂有（　　）。
A. 减水剂　　　　　　　　　B. 引气剂
C. 防冻剂　　　　　　　　　D. 早强剂
E. 有机塑化剂

【答案】1. √；2. B；3. D；4. B；5. C；6. BCDE

第四节　石材、砖和砌块

考点22：石材、砖和砌块★●

> **教材点睛**　教材 P41～P46
>
> **1. 石材的分类及应用**
>
>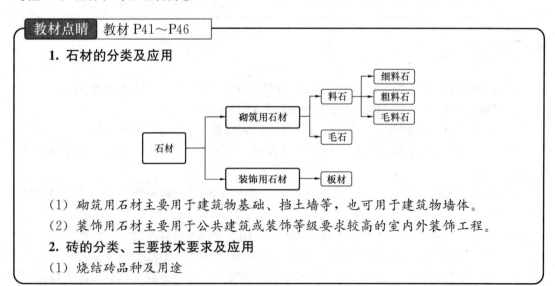
>
> （1）砌筑用石材主要用于建筑物基础、挡土墙等，也可用于建筑物墙体。
>
> （2）装饰用石材主要用于公共建筑或装饰等级要求较高的室内外装饰工程。
>
> **2. 砖的分类、主要技术要求及应用**
>
> （1）烧结砖品种及用途

教材点睛 教材 P41~P46(续)

　　1) 烧结普通砖：主要用于砌筑建筑物的内墙、外墙、柱、烟囱和窑炉。目前，禁止使用黏土实心砖，可使用黏土多孔砖和空心砖。
　　2) 烧结多孔砖：优等品可用于墙体装饰和清水墙砌筑，一等品和合格品可用于混水墙，中等泛霜的砖不得用于潮湿部位。
　　3) 烧结空心砖：主要用于多层建筑内隔墙或框架结构的填充墙等。
　　(2) 非烧结砖的用途
　　常用的非烧结砖有蒸压灰砂砖、蒸压粉煤灰砖、炉渣砖、混凝土砖。均可用于工业与民用建筑的墙体和基础砌筑。除混凝土砖以外，均不得用于长期受热200℃以上、受急冷、受急热或有侵蚀的环境。
　　3. 砌块的分类、主要技术要求及应用
　　(1) 目前我国常用的砌块有：蒸压加气混凝土砌块、普通混凝土小型空心砌块、石膏砌块等。
　　(2) 蒸压加气混凝土砌块：适用于低层建筑的承重墙，多层建筑和高层建筑的隔离墙、填充墙及工业建筑物的围护墙体和绝热墙体。
　　(3) 普通混凝土小型空心砌块：建筑体系比较灵活，砌筑方便，主要用于建筑的内外墙体。

巩固练习

1. 【判断题】砌筑用石材主要用于建筑物基础、挡土墙等。　　　　　　　　(　　)
2. 【单选题】下列关于烧结砖的分类、主要技术要求及应用的相关说法中，正确的是(　　)。
　A. 强度、抗风化性能和放射性物质合格的烧结普通砖，根据尺寸偏差、外观质量、泛霜和石灰爆裂等指标，分为优等品、一等品、合格品三个等级
　B. 强度和抗风化性能合格的烧结空心砖，根据尺寸偏差、外观质量、孔型及孔洞排列、泛霜、石灰爆裂分为优等品、一等品、合格品三个等级
　C. 烧结多孔砖主要用作非承重墙，如多层建筑内隔墙或框架结构的填充墙
　D. 烧结空心砖在对安全性要求低的建筑中，可以用于承重墙体
3. 【单选题】砌筑用石材分类不包括(　　)。
　A. 毛料石　　　　　　　　　　B. 细料石
　C. 板材　　　　　　　　　　　D. 粗料石
4. 【单选题】砌墙砖按规格、孔洞率及孔的大小分类不包括(　　)。
　A. 空心砖　　　　　　　　　　B. 多孔砖
　C. 实心砖　　　　　　　　　　D. 普通砖
5. 【单选题】按有无孔洞，砌块可分为实心砌块和空心砌块，空心砌块的空心率(　　)。
　A. ≥10%　　　　　　　　　　B. ≥15%

C.≥20% D.≥25%

6.【多选题】下列关于砌筑用石材的分类及应用的相关说法中,正确的是( )。

A. 装饰用石材主要为板材
B. 细料石通过细加工、外形规则,叠砌面凹入深度不应大于10mm,截面的宽度、高度不应小于200mm,且不应小于长度的1/4
C. 毛料石外形大致方正,一般不加工或稍加修整,高度不应小于200mm,叠砌面凹入深度不应大于20mm
D. 毛石指形状不规则,中部厚度不小于300mm的石材
E. 装饰用石材主要用于公共建筑或装饰等级要求较高的室内外装饰工程

【答案】1.√;2.A;3.C;4.C;5.D;6.ABE

第五节 金 属 材 料

考点23:钢材的主要技术性能★●

教材点睛 教材P46~P48

1. 建筑工程中目前常用的钢种是普通碳素结构钢和普通低合金结构钢。
2. 钢材的技术性能

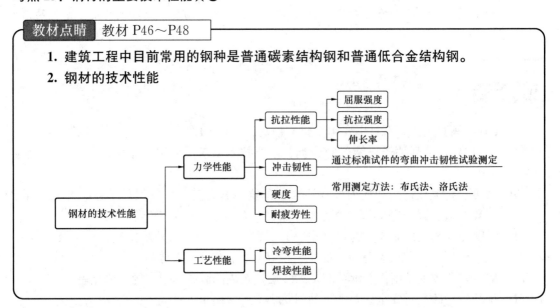

考点24:钢结构用钢材的品种及特性★●

教材点睛 教材P48~P50

1. **建筑钢结构用钢材分为**:碳素结构钢和低合金高强度结构钢两种。
2. **钢结构用钢材**主要是型钢和钢板。型钢和钢板的成型有热轧和冷轧两种。
3. **常用热轧型钢**的有:角钢、工字钢、槽钢、T型钢、H型钢、Z型钢等。

(1)工字钢广泛应用于各种建筑结构和桥梁,主要用于承受横向弯曲(腹板平面内受弯)的杆件,但不易单独用作轴心受压构件或双向弯曲的构件。

教材点睛 教材 P48～P50(续)

(2) 槽钢主要用于承受轴向力的杆件、承受横向弯曲的梁以及联系杆件。用于建筑钢结构、车辆制造等。

(3) 宽翼缘和中翼缘 H 型钢适用于钢柱等轴心受压构件，窄翼缘 H 型钢适用于钢梁等受弯构件。

4. 冷弯薄壁型钢的类型有：C 型钢、U 型钢、Z 型钢、带钢、镀锌带钢、镀锌卷板、镀锌 C 型钢、镀锌 U 型钢、镀锌 Z 型钢。可用作钢架、桁架、梁、柱等主要承重构件，也被用作屋面檩条、墙架梁柱、龙骨、门窗、屋面板、墙面板、楼板等次要构件和围护结构。

5. 钢板按轧制方式可分为热轧钢板和冷轧钢板。①热轧碳素结构钢厚板，是钢结构的主要用钢材。②低合金高强度结构钢厚板，用于重型结构、大跨度桥梁和高压容器等。③薄板用于屋面、墙面或轧型板原料等。

巩固练习

1.【判断题】低碳钢拉伸时，从受拉至拉断，经历的四个阶段为：弹性阶段，强化阶段，屈服阶段和颈缩阶段。（　　）

2.【判断题】冲击韧性指标是通过标准试件的弯曲冲击韧性试验确定的。（　　）

3.【判断题】钢板按轧制方式可分为热轧钢板和冷轧钢板和低温轧板。（　　）

4.【单选题】下列关于钢材的分类的相关说法中，不正确的是(　　)。

A. 按化学成分合金钢分为低合金钢、中合金钢和高合金钢

B. 按质量分为普通钢、优质钢和高级优质钢

C. 含碳量为 0.2%～0.5% 的碳素钢为中碳钢

D. 按脱氧程度分为沸腾钢、镇静钢和特殊镇静钢

5.【单选题】下列关于钢结构用钢材的相关说法中，正确的是(　　)。

A. 工字钢主要用于承受轴向力的杆件、承受横向弯曲的梁以及联系杆件

B. Q235A 代表屈服强度为 $235N/mm^2$，A 级，沸腾钢

C. 低合金高强度结构钢均为镇静钢或特殊镇静钢

D. 槽钢主要用于承受横向弯曲的杆件，但不宜单独用作轴心受压构件或双向弯曲的构件

6.【多选题】下列关于钢材的技术性能的相关说法中，正确的是(　　)。

A. 钢材最重要的使用性能是力学性能

B. 伸长率是衡量钢材塑性的一个重要指标，δ 越大说明钢材的塑性越好

C. 常用的测定硬度的方法有布氏法和洛氏法

D. 钢材的工艺性能主要包括冷弯性能、焊接性能、冷拉性能、冷拔性能、冲击韧性等

E. 钢材可焊性的好坏，主要取决于钢的化学成分，含碳量高将增加焊接接头的硬脆性，含碳量小于 0.2% 的碳素钢具有良好的可焊性

7. 【多选题】冷弯薄壁型钢可用于( )构件。
   A. 桁架承重构件　　　　　　B. 千斤顶
   C. 围护结构　　　　　　　　D. 龙骨
   E. 屋面檩条

【答案】1. ×；2. √；3. ×；4. C；5. C；6. ABC；7. ACDE

考点25：钢筋混凝土结构用钢材的品种 ★●

教材点睛 教材P50～P52

1. 钢筋混凝土结构用钢材主要是由碳素结构钢和低合金结构钢轧制而成的各种钢筋。常用的是热轧钢筋、预应力混凝土用钢丝和钢绞线。

2. 热轧钢筋分为：光圆钢筋和带肋钢筋两大类。

（1）热轧光圆钢筋：塑性及焊接性能很好，但强度较低，广泛用于钢筋混凝土结构的构造筋。

（2）热轧带肋钢筋：延性、可焊性、机械连接性能和锚固性能均较好，且其400MPa、500MPa级钢筋的强度高，实际工程中主要用作结构构件中的受力主筋、箍筋等。

3. 预应力混凝土用钢丝

（1）分类：按加工状态分为冷拉钢丝和消除应力钢丝两类。

（2）优点：抗拉强度比钢筋混凝土用热轧光圆钢筋、热轧带肋钢筋高很多，在构件中采用预应力钢丝可节省钢材、减小构件截面和节省混凝土。

（3）适用范围：预应力钢丝主要用于桥梁、吊车梁、大跨度屋架和管桩等预应力钢筋混凝土构件中。

4. 钢绞线

（1）预应力钢绞线按捻制结构分为五类。

（2）优点：强度高、柔度好，质量稳定，与混凝土粘结力强，易于锚固，成盘供应不需接头等。

（3）适用范围：大跨度、大负荷的桥梁、电杆、轨枕、屋架、大跨度吊车梁等结构的预应力筋。

巩固练习

1. 【判断题】钢筋混凝土结构常用的是热轧钢筋、预应力混凝土用钢丝和钢绞线。
   　　　　　　　　　　　　　　　　　　　　　　　　　　　　( )

2. 【单选题】钢绞线的优点不包括( )。
   A. 易于拆除　　　　　　　　B. 柔度好
   C. 强度高　　　　　　　　　D. 与混凝土粘结力强

3. 【单选题】热轧光圆钢筋广泛用于钢筋混凝土结构的( )。

A. 抗剪钢筋　　　　　　　　B. 弯起钢筋
C. 受力主筋　　　　　　　　D. 构造筋

4.【多选题】预应力钢丝主要用于(　　)等预应力钢筋混凝土构件中。

A. 基础底板　　　　　　　　B. 吊车梁
C. 桥梁　　　　　　　　　　D. 大跨度屋架
E. 管桩

【答案】1.√；2. A；3. D；4. BCDE

考点 26：铝合金的分类及特性●

> **教材点睛**　教材 P53
>
> 1. 根据成分和工艺的特点可分为形变铝合金和铸造铝合金两大类。建筑装饰工程中常用形变铝合金。
> 2. 铝合金的特点：具有承重、耐用、装饰、保温、隔热等优良性能。主要缺点是弹性模量小、热膨胀系数大、耐热性低、焊接需采用惰性气体保护焊等焊接技术。
> 3. 常用的铝合金制品有：门窗，装饰板及吊顶，铝及铝合金波纹板、压型板、冲孔平板以及铝箔等。

考点 27：不锈钢的分类及特性

> **教材点睛**　教材 P53
>
> 1. 分类：不锈钢板根据外表颜色可分为普通不锈钢板和彩色不锈钢板等；按表面形状分为平面板和浮雕花纹板等；根据表面光泽度及反光率大小可分为镜面板和哑光板。在建筑装饰工程中使用的多为普通不锈钢。
> 2. 特性：不锈钢耐腐蚀性强；经不同表面加工可形成不同的光洁度和反射能力；安装方便；装饰效果好。
> 3. 常用的钢材制品有：不锈钢钢板与钢管、彩色不锈钢板、彩色涂层钢板、彩色压型钢板、镀锌钢卷帘门板及轻钢龙骨等。

巩固练习

1.【判断题】建筑装饰工程中常用铸造铝合金。　　　　　　　　　　　　　(　　)
2.【判断题】不锈钢板根据表面的光泽度及其反光率大小可分为镜面板和哑光板。
　　　　　　　　　　　　　　　　　　　　　　　　　　　　　　　　　(　　)
3.【判断题】铝合金缺点是弹性模量小、热膨胀系数大、耐热性低、焊接需采用惰性气体保护焊。　　　　　　　　　　　　　　　　　　　　　　　　　　(　　)
4.【单选题】下列关于铝合金分类和特性的说法中正确的是(　　)。

A. 可以按合金元素分为三元和多元合金
B. 建筑装饰工程中常用铸造铝合金
C. 变形铝合金的牌号用汉语拼音字母＋顺序号
D. 常用的硬铝有 11 个牌号，LY12 是硬铝的典型产品

5.【单选题】下列关于不锈钢分类和特性的说法中正确的是（　　）。
A. 不锈钢就是以钛元素为主加元素的合金钢
B. 在建筑装饰工程中使用的多为普通不锈钢
C. 不锈钢中镍、锰、钛、硅等元素影响其强度
D. 哑光面板不锈钢具有镜面玻璃般的反射能力

6.【多选题】铝合金的牌号 LF21 表示（　　）。
A. 防锈铝合金　　　　　　　　B. 顺序号为 21
C. 硬度代号为 21　　　　　　　D. 强度代号为 21
E. 塑性代号为 21

【答案】1.×；2.√；3.√；4.D；5.B；6.AB

第六节　沥青材料及沥青混合料

考点 28：沥青材料的分类、技术性质及应用 ★●

> **教材点睛** 教材 P53～P55
>
> **1. 沥青材料的分类及应用**
> （1）分类：分为地沥青（天然沥青、石油沥青）、焦油沥青（煤沥青、页岩沥青）两类。
> （2）特性：有良好的防水性；较强的抗腐蚀性；很强的粘结力；良好的塑性，能适应基材的变形。
> （3）应用：沥青及沥青混合料被广泛应用于防水、防腐、道路工程和水工建筑中。
> **2. 石油沥青的技术性质**：具有黏滞性、塑性和脆性、温度稳定性等。针入度、延度、软化点是沥青的"三大指标"。

考点 29：沥青混合料的分类、组成材料及其技术要求 ★●

> **教材点睛** 教材 P55～P56
>
> **1. 沥青混合料的分类**
> （1）按使用的结合料不同分为石油沥青混合料、煤沥青混合料、改性沥青混合料和乳化沥青混合料。
> （2）按沥青混合料中剩余空隙率大小不同分为开式沥青混合料、半开式沥青混合料、密实式沥青混合料。

> **教材点睛** 教材 P55～P56（续）
>
> （3）按矿质混合料的级配类型可分为连续级配沥青混合料和间断级配沥青混合料。
> （4）按沥青混合料所用骨料的最大粒径分为粗粒式沥青混合料、中粒式沥青混合料、细粒式沥青混合。
> （5）按沥青混合料施工温度分为热拌沥青混合料和常温沥青混合料。
>
> **2. 沥青混合料的组成材料包括：** 沥青、粗骨料、细骨料、矿粉等填料。

巩固练习

1.【判断题】石油沥青属于焦油沥青的范畴。　　　　　　　　　　　　　　　（　）
2.【判断题】针入度、延度、软化点是评价黏稠沥青路用性能最常用的经验指标，也是划分沥青牌号的主要依据，所以统称为沥青的"三大指标"。（　）
3.【单选题】下列关于沥青材料分类和应用的说法中，错误的是（　　）。
A. 焦油沥青可分为煤沥青和页岩沥青
B. 沥青是憎水材料，有良好的防水性
C. 具有很强的抗腐蚀性，能抵抗强烈的酸、碱、盐类等侵蚀性液体和气体的侵蚀
D. 有良好的塑性，能适应基材的变形
4.【单选题】下列关于石油沥青的技术性质的说法中，错误的是（　　）。
A. 在一定的温度范围内，当温度升高，黏滞性随之增大，反之则降低
B. 黏滞性是反映材料内部阻碍其相对流动的一种特性，也是我国现行标准划分沥青牌号的主要性能指标
C. 石油沥青的塑性用延度表示，延度越大，塑性越好
D. 低温脆性主要取决于沥青的组分，当沥青中含有较多石蜡时，其抗低温能力就较差
5.【单选题】下列关于沥青混合料的分类的说法中错误的是（　　）。
A. 按结合料不同，沥青混合料可分为石油沥青混合料、煤沥青混合料、改性沥青混合料和乳化沥青混合料
B. 按沥青混合料中剩余空隙率大小的不同分为开式沥青混合料和密闭式沥青混合料
C. 按矿质混合料的级配类型可分为连续级配沥青混合料和间断级配沥青混合料
D. 按沥青混合料施工温度，可分为热拌沥青混合料和常温沥青混合料
6.【单选题】沥青混合料的组成材料不包括（　　）。
A. 沥青　　　　　　　　　　　B. 粗骨料
C. 细骨料　　　　　　　　　　D. 水泥
7.【单选题】沥青材料特性不包括（　　）。
A. 良好的防水性　　　　　　　B. 较强的抗腐蚀性
C. 很强的抗剪力　　　　　　　D. 良好的塑性，能适应基材的变形
8.【多选题】下列关于石油沥青的技术性质的说法中，正确的是（　　）。
A. 石油沥青的黏滞性一般采用针入度来表示

B. 延度是在规定温度的水中，以5cm/min的速度拉伸至试件断裂时的伸长值

C. 沥青的延度决定于其组分及所处的温度

D. 沥青脆性指标是在特定条件下，涂于金属片上的沥青试样薄膜，因被冷却和弯曲而出现裂纹时的温度

E. 通常用软化点来表示石油沥青的温度稳定性，软化点越高越好

9.【多选题】按使用的结合料不同，沥青混合料可分为（　　）。

A. 石油沥青混合料　　　　　　B. 煤沥青混合料
C. 改性沥青混合料　　　　　　D. 热拌沥青混合料
E. 乳化沥青混合料

【答案】1. ×；2. √；3. C；4. A；5. B；6. D；7. C；8. ABD；9. ABCE

第七节　防水材料及保温材料

考点30：防水卷材的品种及特性★

> **教材点睛**　教材 P56～P58
>
> **1. 沥青防水卷材**
>
> （1）优点：质量轻、价格低廉、防水性能良好、施工方便、能适应一定的温度变化和基层伸缩变形。
>
> （2）沥青防水卷材的品种有：石油沥青纸胎防水卷材、沥青玻璃纤维布油毡、沥青玻璃纤维胎油毡。
>
> **2. 高聚物改性沥青防水卷材**
>
> （1）高聚物改性沥青防水卷材的品种有：SBS改性沥青防水卷材、APP改性沥青防水卷材、铝箔塑胶改性沥青防水卷材、再生橡胶改性沥青防水卷材、聚氯乙烯（PVC）改性煤焦油防水卷材等。
>
> （2）SBS改性沥青防水卷材：具有较高的弹性、延伸率、耐疲劳性和低温柔性。主要用于屋面及地下室防水，尤其适用于寒冷地区。可以冷法施工或热熔铺贴，适于单层铺设或复合使用。
>
> （3）APP改性沥青防水卷材：耐热性优异，耐水性、耐腐蚀性较好，低温柔性较好（但不及SBS卷材）。适用于建筑屋面和地下防水工程、道路、桥梁等建筑物的防水，尤其是适用于较高气温环境的建筑防水。
>
> （4）铝箔塑胶改性沥青防水卷材：对阳光的反射率高，具有一定的抗拉强度和延伸率，弹性好、低温柔性好，在-20～80℃温度范围内适应性较强，抗老化能力强，具有装饰功能。该卷材适用于外露防水面层，并且价格较低，是一种中档的新型防水材料。
>
> **3. 合成高分子防水卷材**
>
> （1）三元乙丙（EPDM）橡胶防水卷材：质量轻、耐老化性好、弹性和抗拉伸性能极佳，对基层伸缩变形或开裂的适应性强，耐高低温性能优良，能在严寒和酷热环境中

> **教材点睛** 教材P56~P58（续）
>
> 使用。可采用单层冷施工的防水做法，提高了工效，减少了环境污染，改善了劳动条件。适用于防水要求高、耐用年限长的防水工程的屋面、地下建筑、桥梁、隧道等的防水。
>
> （2）聚氯乙烯（PVC）防水卷材：具有较高的拉伸和撕裂强度，延伸率较大，耐老化性能好，耐腐蚀性强，且其原料丰富，价格便宜，容易粘结。适用于屋面、地下防水工程和防腐工程，单层或复合使用，可用冷粘法或热风焊接法施工。
>
> （3）氯化聚乙烯橡胶共混防水卷材：既具有氯化聚乙烯的高强度和优异的耐久性，又具有橡胶的高弹性和高延伸性以及良好的耐低温性能。可用于各种建筑、道路、桥梁、水利工程的防水，尤其是适用于寒冷地区或变形较大的屋面。
>
> **4. 防水涂料**
>
> （1）沥青基防水涂料：适用于Ⅲ、Ⅳ级防水等级的工业与民用屋面、混凝土地下室和卫生间等的防水工程。
>
> （2）高聚物改性沥青基防水涂料
>
> 1）常用品种有：再生橡胶沥青防水涂料、氯丁橡胶沥青防水涂料、丁基橡胶沥青防水涂料等。
>
> 2）适用范围：适用于Ⅱ、Ⅲ、Ⅳ级防水等级的屋面、地面、混凝土地下室和卫生间等的防水工程。
>
> （3）合成高分子防水涂料
>
> 1）常用品种：聚氨酯防水涂料、硅橡胶防水涂料、氯磺化聚乙烯橡胶防水涂料和丙烯酸酯防水涂料等。
>
> 2）适用范围：适用于Ⅰ、Ⅱ、Ⅲ级防水等级的屋面、地下室、水池和卫生间等的防水工程。

巩固练习

1.【判断题】SBS改性沥青防水卷材尤其适用于炎热地区的屋面及地下室防水。
（ ）

2.【判断题】沥青基防水涂料适用于Ⅲ、Ⅳ级防水等级的工业与民用屋面、混凝土地下室和卫生间等的防水工程。（ ）

3.【单选题】下列关于沥青防水卷材的相关说法中，正确的是（ ）。

A. 350号和500号油毡适用于简易防水、临时性建筑防水、建筑防潮及包装等

B. 沥青玻璃纤维布油毡适用于铺设地下防水、防腐层，并用于屋面作防水层及金属管道（热管道除外）的防腐保护层

C. 玻纤胎油毡按上表面材料分为膜面、粉面、毛面和砂面四个品种

D. 15号玻纤胎油毡适用于屋面、地下、水利等工程的多层防水

4.【单选题】下列关于合成高分子防水卷材的相关说法中，错误的是（ ）。

A. 常用的合成高分子防水卷材，如三元乙丙橡胶防水卷材、聚氯乙烯防水卷材、氯

化聚乙烯-橡胶共混防水卷材等

B. 三元乙丙橡胶防水卷材是我国目前用量较大的一种卷材,适用于屋面、地下防水工程和防腐工程

C. 三元乙丙橡胶防水卷材质量轻,耐老化性好,弹性和抗拉伸性能极佳,对基层伸缩变形或开裂的适应性强,耐高低温、性能优良,能在严寒和酷热环境中使用

D. 氯化聚乙烯-橡胶共混防水卷材价格相较于三元乙丙橡胶防水卷材低得多,属于中、高档防水材料,可用于各种建筑、道路、桥梁、水利工程的防水,尤其适用于寒冷地区或变形较大的屋面

5.【单选题】防水涂料的特点不包括( )。
A. 难于维修　　　　　　　　　　B. 施工速度快
C. 操作方便　　　　　　　　　　D. 整体防水性好

6.【单选题】合成高分子防水涂料常用品种不包括( )。
A. 再生橡胶沥青防水涂料　　　　B. 丙烯酸酯防水涂料
C. 硅橡胶防水涂料　　　　　　　D. 聚氨酯防水涂料

7.【多选题】下列关于防水卷材的相关说法中,正确的是( )。
A. SBS改性沥青防水卷材适用于工业与民用建筑的屋面和地下防水工程,及道路、桥梁等建筑物的防水,尤其是适用于较高气温环境的建筑防水
B. 根据构成防水膜层的主要原料,防水卷材可以分为沥青防水卷材、高聚物改性沥青防水卷材和合成高分子防水卷材三类
C. APP改性沥青防水卷材主要用于屋面及地下室防水,尤其适用于寒冷地区
D. 铝箔塑胶改性沥青防水卷材在-20~80℃范围内适应性较强,抗老化能力强,具有装饰功能
E. 三元乙丙橡胶防水卷材是目前国内外普遍采用的高档防水材料,可用于防水要求高、耐用年限长的防水工程的屋面、地下建筑、桥梁、隧道等的防水

8.【多选题】高聚物改性沥青基防水涂料常用品种有( )。
A. 确保时防水涂料　　　　　　　B. 丁基橡胶沥青防水涂料
C. 氯丁橡胶沥青防水涂料　　　　D. JS防水涂料
E. 再生橡胶沥青防水涂料

【答案】1.×;2.√;3.B;4.B;5.A;6.A;7.BDE;8.BCE

考点31:保温材料的分类、特性及应用 ★●

> **教材点睛**　教材P58~P60

1. 纤维状保温隔热材料

(1)玻璃棉及其制品:主要用于温度较低的热力设备和房屋建筑中的保温隔热。常见制品有沥青玻璃棉毡、板及树脂玻璃棉板、管等。

(2)石棉、矿棉及其制品:用于建筑物的墙壁、屋面、顶棚等处的保温隔热。常见制品有毡、管和板等。

教材点睛 教材 P58~P60(续)

(3) 植物纤维复合板：特点是既可制得轻质材料，又能有较高的强度，有着较好的实用性。

2. 松散粒状保温隔热材料

(1) 膨胀蛭石及其制品：膨胀蛭石可直接用于填充料外，作为隔热、隔声之用；膨胀蛭石制品，广泛用于高温炉、工业窑炉的保温。

(2) 膨胀珍珠岩及其制品：膨胀珍珠岩具有低温隔热、吸声强、吸湿性小、无味、无毒、不燃、耐腐蚀等性能。其制品被广泛用于围护结构，低温及超低温保冷设备，热工设备的隔热保温，以及制作吸声制品。

(3) 硅藻土：有很好的保温绝热性能，常用作填充料或用其制作硅藻砖等。

3. 无机多孔保温材料

(1) 加气混凝土：墙体保温隔热效果优于37cm厚的砖墙，并具有良好的耐火性，在建筑上广泛应用。

(2) 泡沫混凝土：具有多孔、轻质、隔热、保温、吸声等特点。

(3) 泡沫玻璃：可用于砌筑墙体，冷藏设备的保温及漂浮、过滤材料。

(4) 微孔硅酸钙保温材料：具有表观密度小、强度高、热导率低、绝热保温性能好的特点。

4. 有机隔热材料

(1) 泡沫塑料：多孔性保温材料。目前应用较多的聚合物有聚苯乙烯（PS）、聚氨酯（PU或PUR）、酚醛（PF）、聚氯乙烯（PVC）、脲醛（UF）等树脂的气孔率不同的发泡制品。

(2) 蜂窝材料：蜂窝板材热导率小、强度高、抗震性能好，是良好的绝缘隔声材料和非结构板材。

(3) 隔热薄膜：应用于建筑门窗玻璃上，将通过窗户的太阳光反射出去，以减少紫外线的透过率，防止室内陈设褪色、老化，也可以减缓室内温度的急剧变化，隔热不隔景。

(4) 胶粉聚苯颗粒：胶粉聚苯颗粒外墙外保温系统是由界面层、胶粉聚苯颗粒浆料保温层、抗裂防护层和饰面层构成。

巩固练习

1.【判断题】玻璃棉及其制品主要用于温度较低的热力设备和房屋建筑中的保温隔热。（　　）

2.【判断题】泡沫混凝土具有表观密度小、强度高、热导率低、绝热保温性能好的特点。（　　）

3.【单选题】常见石棉、矿棉不含（　　）。
A. 毡　　　　　　　　　　　　B. 箱
C. 管　　　　　　　　　　　　D. 板

4. 【单选题】不属于植物纤维复合板特点的是(　　)。
   A. 导热系数高　　　　　　　　　　B. 可制得轻质材料
   C. 有较高的强度　　　　　　　　　D. 有较好的实用性

5. 【单选题】膨胀蛭石制品广泛用于(　　)。
   A. 建筑物内墙　　　　　　　　　　B. 建筑物外墙
   C. 冷库保温　　　　　　　　　　　D. 工业窑炉的保温

6. 【单选题】属于无机多孔保温材料的是(　　)。
   A. 泡沫塑料　　　　　　　　　　　B. 加气混凝土
   C. 隔热薄膜　　　　　　　　　　　D. 胶粉聚苯颗粒

7. 【单选题】下列关于建筑绝热材料的相关说法中,正确的是(　　)。
   A. 石棉、矿棉、玻璃棉、植物纤维复合板、膨胀蛭石均属于纤维状保温隔热材料
   B. 膨胀蛭石及其制品被广泛用于围护结构
   C. 矿棉可用于工业与民用建筑工程、管道、锅炉等有保温、隔热、隔声要求的部位
   D. 泡沫玻璃可用来砌筑墙体,也可用于冷藏设备的保温或用作漂浮、过滤材料

8. 【单选题】下列选项中,不属于常用的有机隔热材料的是(　　)。
   A. 泡沫塑料　　　　　　　　　　　B. 隔热薄膜
   C. 胶粉聚苯颗粒　　　　　　　　　D. 泡沫玻璃

9. 【多选题】泡沫混凝土的特点包括(　　)。
   A. 防水　　　　　　　　　　　　　B. 吸声
   C. 隔热　　　　　　　　　　　　　D. 轻质
   E. 多孔

【答案】1.√;2.×;3.B;4.A;5.D;6.B;7.D;8.D;9.BCDE

第三章 建筑工程识图

第一节 施工图的基本知识

考点 32：房屋建筑施工图的组成及作用

> **教材点睛** 教材 P61
>
> **1. 建筑施工图的组成及作用**
> （1）建筑施工图组成：建筑设计说明、建筑总平面图、建筑平面图、建筑立面图、建筑剖面图及建筑详图等。
> （2）建造房屋时，建筑施工图主要作为定位放线、砌筑墙体、安装门窗、装修的依据。
> **2. 结构施工图的组成及作用**
> （1）结构施工图的组成：结构设计说明、结构平面布置图和结构详图三部分。
> （2）结构施工图的作用：是施工放线、开挖基坑（槽），施工承重构件（如梁、板、柱、墙、基础、楼梯等）结构施工的依据。
> **3. 设备施工图的作用**：表达给水排水、供电照明、供暖通风、空调、燃气等设备的布置和施工要求等。

考点 33：房屋建筑施工图的图示特点及制图标准相关规定

> **教材点睛** 教材 P61～P64
>
> **1. 房屋建筑施工图图示特点**
> （1）施工图中的各图样用正投影法绘制。
> （2）施工图绘制比例较小，对于需要表达清楚的节点、剖面等部位，则用较大比例进行绘制。
> （3）建筑构配件、卫生设备、建筑材料等图例采用统一的国家标准标注。
> **2. 制图标准相关规定**
> （1）常用建筑材料图例【详见表 3-1，P62】
> （2）尺寸标注形式【详见表 3-2，P63】
> （3）标高：①建筑施工图纸中的标高采用相对标高，以建筑物地上部分首层室内地面作为相对标高的±0.000 点。地上部分标高为正数，地下部分标高为负数。②标高单位除建筑总平面图以米为单位外，其余一律以毫米为单位。③在建施工图中的标高数字表示其完成面的数值。

> 巩固练习

1.【判断题】房屋建筑施工图是工程设计阶段的最终成果，同时又是工程施工、监理和计算工程造价的主要依据。（　　）
2.【判断题】结构平面布置图是为了清楚地表示某些重要构件的结构做法。（　　）
3.【单选题】按照内容和作用不同，下列不属于房屋建筑施工图的是（　　）。
  A. 建筑施工图　　　　　　　　　B. 结构施工图
  C. 设备施工图　　　　　　　　　D. 系统施工图
4.【单选题】下列关于结构施工图的作用的说法中，不正确的是（　　）。
  A. 结构施工图是施工放线、开挖基坑（槽）、施工承重构件（如梁、板、柱、墙、基础、楼梯等）的主要依据
  B. 结构立面布置图是表示房屋中各承重构件总体立面布置的图样
  C. 结构设计说明是带全局性的文字说明
  D. 结构详图一般包括梁、柱、板及基础结构详图，楼梯结构详图，屋架结构详图等
5.【单选题】下列各项中，不属于设备施工图的是（　　）。
  A. 给水排水施工图　　　　　　　B. 采暖通风与空调施工图
  C. 基础详图　　　　　　　　　　D. 电气设备施工图
6.【单选题】不是建筑立面图表达的是（　　）。
  A. 建筑物的地理位置和周围环境　B. 门窗位置及形式
  C. 外墙面装修做法　　　　　　　D. 房屋的外部造型
7.【单选题】作为定位放线、砌筑墙体、安装门窗、装修的依据是（　　）。
  A. 设备施工图　　　　　　　　　B. 建筑施工图
  C. 结构平面布置图　　　　　　　D. 结构施工图
8.【多选题】下列关于建筑制图的线型及其应用的说法中，正确的是（　　）。
  A. 平、剖面图中被剖切的主要建筑构造（包括构配件）的轮廓线用粗实线绘制
  B. 建筑平、立、剖面图中的建筑构配件的轮廓线用中粗实线绘制
  C. 建筑立面图或室内立面图的外轮廓线用中粗实线绘制
  D. 拟建、扩建建筑物轮廓用中粗虚线绘制
  E. 预应力钢筋线在建筑结构中用粗单点长画线绘制

【答案】1.√；2.×；3.D；4.B；5.C；6.A；7.B；8.ABD

第二节 建筑施工图的图示方法及内容

考点34：建筑施工图的图示方法及内容 ★●

> **教材点睛** 教材 P65~P71
>
> **1. 建筑总平面图**
> （1）建筑总平面图的图示方法：是新建房屋所在地域的一定范围内的水平投影图。
> （2）总平面图的图示主要内容及作用
> 1）新建建筑物的定位：①按原有建筑物或原有道路定位；②按测量坐标或建筑坐标定位。
> 2）标高：在总平面图中，标高以米为单位，并保留至小数点后两位。
> 3）指北针或风玫瑰图：用来确定新建房屋的朝向。
> 4）建筑红线：是各地方国土管理部门提供给建设单位的土地使用范围，任何建筑物在设计和施工中均不能超过此线。
> 5）管道布置于绿化规划
> **2. 建筑平面图**
> （1）建筑平面图的图示方法：相当于建筑物的水平剖面图，反映建筑物内各层的布置情况；被剖切到的墙、柱断面轮廓线用粗实线画出，其余可见的轮廓线用中实线或细实线，尺寸标注和标高符号均用细实线，定位轴线用细单点长画线绘制。砖墙一般不画图例，钢筋混凝土的柱和墙的断面通常涂黑表示。
> （2）建筑平面图的图示内容【详见P67】
> **3. 建筑立面图**
> （1）建筑立面图的图示方法：建筑物主要外墙面的正投影图（立面图），一般按朝向+立面图两端轴线编号命名；立面图的最外轮廓线为粗实线；建筑构件及门窗轮廓线为中粗实线画出；其余轮廓线均为细实线；地坪线为加粗实线。
> （2）建筑立面图的图示内容【详见P68-P69】
> **4. 建筑剖面图**
> （1）建筑剖面图的图示方法：相当于建筑物的竖向剖面图，反映建筑物高度方向的结构形式；被剖切到的墙、板、梁等构件断面轮廓线用粗实线表示；没有被剖切到的轮廓线用细实线表示。
> （2）建筑剖面图的图示内容【详见P69-P70】
> **5. 建筑详图**：包括内外墙节点、楼梯、电梯、厨房、卫生间、门窗、室内外装饰等。

巩固练习

1.【判断题】建筑总平面图是将拟建工程四周一定范围内的新建、拟建、原有和将拆

除的建筑物、构筑物连同其周围的地形地物状况，用正投影方法画出的图样。（   ）

2.【判断题】建筑平面图中凡是被剖切到的墙、柱断面轮廓线用粗实线画出，其余可见的轮廓线用中实线或细实线，尺寸标注和标高符号均用细实线，定位轴线用细单点长画线绘制。（   ）

3.【单选题】下列关于建筑总平面图图示内容的说法中，正确的是（   ）。
A. 新建建筑物的定位一般采用两种方法，一是按原有建筑物或原有道路定位；二是按坐标定位
B. 在总平面图中，标高以米为单位，并保留至小数点后三位
C. 新建房屋所在地区风向情况的示意图即为风玫瑰图，风玫瑰图不可用于表明房屋和地物的朝向情况
D. 临时建筑物在设计和施工中可以超过建筑红线

4.【单选题】下列关于建筑剖面图和建筑详图基本规定的说法中，错误的是（   ）。
A. 剖面图一般表示房屋在高度方向的结构形式
B. 建筑剖面图中高度方向的尺寸包括总尺寸、内部尺寸和细部尺寸
C. 建筑剖面图中不能详细表示清楚的部位应引出索引符号，另用详图表示
D. 需要绘制详图或局部平面放大位置包括内外墙节点、楼梯、电梯、厨房、卫生间、门窗、室内外装饰等

5.【单选题】建筑总平面图的主要内容不包括（   ）。
A. 新建建筑物的定位　　　　　　　B. 标高
C. 指北针或风玫瑰图　　　　　　　D. 外墙节点

6.【多选题】下列有关建筑平面图的图示内容的表述中，不正确的是（   ）。
A. 定位轴线横向编号应用阿拉伯数字从左至右顺序编写，竖向编号应用大写拉丁字母从上至下顺序编写
B. 对于隐蔽的或者在剖切面以上部位的内容，应以虚线表示
C. 建筑平面图上的外部尺寸在水平方向和竖直方向各标注三道尺寸
D. 在平面图上所标注的标高均应为绝对标高
E. 屋面平面图一般内容有：女儿墙、檐沟、屋面坡度、分水线与落水口、变形缝、楼梯间、水箱间、天窗、上人孔、消防梯以及其他构筑物、索引符号等

【答案】1.×；2.√；3.A；4.B；5.D；6.AD

第三节 房屋建筑施工图的识读

考点 35：施工图的识读

> **教材点睛** 教材 P71
>
> **1. 施工图识读方法**
> （1）总揽全局：先阅读建筑施工图，建立起建筑物的轮廓概念；其次阅读结构施工图目录，对图样数量和类型做到心中有数；再阅读结构设计说明，了解工程概况及所采用的标准图等；最后粗读结构平面图，了解构件类型、数量和位置。
> （2）循序渐进：根据投影关系、构造特点和图纸顺序，从前往后、从上往下、从左往右、由外向内、由大到小、由粗到细反复阅读。
> （3）相互对照：识读施工图时，应当图样与说明对照看，建施图、结施图、设施图对照看，基本图与详图对照看。
> （4）重点细读：以不同工种身份，有重点地细读施工图，掌握施工必需的重要信息。
> **2. 施工图识读步骤**：阅读图纸目录→阅读设计总说明→通读图纸→精读图纸。

巩固练习

1.【判断题】施工图识读方法包括总揽全局、循序渐进、相互对照、重点细读四个部分。（　　）
2.【判断题】识读施工图的一般顺序为：阅读图纸目录→阅读设计总说明→通读图纸→精读图纸。（　　）
3.【单选题】施工图识读方法的说法正确的是（　　）。
A. 先阅读结构施工图目录
B. 先阅读结构设计说明
C. 先粗读结构平面图，了解构件类型、数量和位置
D. 先阅读建筑施工图
4.【多选题】下列有关建筑平面图的图示内容的表述中，错误的是（　　）。
A. 定位轴线的编号宜标注在图样的下方与右侧，横向编号应用阿拉伯数字，从左至右顺序编写，竖向编号应用大写拉丁字母，从上至下顺序编写
B. 对于隐蔽的或者在剖切面以上部位的内容，应以虚线表示
C. 建筑平面图上的外部尺寸在水平方向和竖直方向各标注三道尺寸
D. 在平面图上所标注的标高均应为绝对标高
E. 屋面平面图一般包括：女儿墙、檐沟、屋面坡度、分水线与落水口、变形缝、楼梯间等

【答案】1.√；2.√；3. D；4. AD

第四章 建筑施工技术

第一节 地基与基础工程

考点 36：基坑（槽）开挖、支护及回填的主要方法

> **教材点睛** 教材 P72～P74

1. 基坑（槽）开挖

（1）施工工艺流程：测量放线→切线分层开挖→排水/降水→修坡→平整→验槽。

（2）在地下水位以下挖土时，应在基坑（槽）四周挖好临时排水沟和集水井，或采用井点降水，将水位降低至坑、槽底以下 500mm，方可开挖。

（3）基坑开挖时，应对平面控制桩、水准点、基坑平面位置、水平标高、边坡坡度等经常复测检查。

（4）采用机械开挖基坑时，为避免地基扰动，在基底标高以上预留 15～30cm 厚土层由人工挖掘修整。

（5）基坑挖完后进行验槽，当发现地基土质与地质勘探报告不符时，应及时与有关人员研究处理。

2. 基坑支护

（1）钢板桩支护施工：具有施工速度快，可重复使用的特点。常用材料有 U 型、Z 型、直腹板式、H 型和组合式钢板桩。常用施工机械有自由落锤、气动锤、柴油锤、振动锤。

（2）水泥土桩墙施工：将地基软土和水泥强制搅拌形成水泥土，利用水泥和软土之间产生的物理化学反应，使软土硬化成整体性形成具有一定强度的挡土、防渗墙。

（3）地下连续墙施工：用特制的挖槽机械，在泥浆护壁下开挖一个单元槽段的沟槽，清底后放入钢筋笼，用导管浇筑混凝土至设计标高，如此逐段施工，用特制的接头将各段连接起来，形成连续的钢筋混凝土墙体。地下连续墙可用作支护结构，同时用作建筑物的承重结构。

3. 土方回填压实

（1）施工工艺流程：填方土料处理→基底处理→分层回填压实→回填土试验检验合格后继续回填。

（2）土料要求与含水量控制：常用土料有符合压实要求的黏性土、碎石类土、砂土和爆破石渣，淤泥和淤泥质土不能用作填料。土料含水量一般以手握成团，落地开花为适宜。

（3）基底处理：清除基底上垃圾、草皮、树根，排除坑穴中积水、淤泥和杂物。

（4）回填土压实操作：采用分层铺填，人工夯填夯实虚铺厚度 20～25cm；机械压实虚铺厚度 30～50cm。

巩固练习

1.【判断题】基坑开挖工艺流程：测量放线→分层开挖→排水降水→修坡→留足预留土层→整平。（　　）

2.【判断题】放坡开挖是最经济的挖土方案，当基坑开挖深度不大（软土地基挖深不超过4m；地下水位低、土质较好地区）周围环境又允许时，均可采用放坡开挖；放坡坡度按经验确定即可。（　　）

3.【判断题】土方回填压实的施工工艺流程：填方土料处理→基底处理→分层回填压实→对每层回填土的质量进行检验，符合设计要求后，填筑上一层。（　　）

4.【单选题】下列关于基坑（槽）开挖施工工艺的说法中，正确的是（　　）。
A. 采用机械开挖基坑时，为避免破坏基底土，应在标高以上预留15~50cm的土层由人工挖掘修整
B. 基槽四侧或两侧挖好临时排水沟和集水井，或采用井点降水，将水位降低至坑、槽底以下500mm
C. 雨期施工时，基坑（槽）需全段开挖，尽快完成
D. 当基坑挖好后不能立即进行下道工序时，应预留30cm的土不挖，待下道工序开始再挖至设计标高

5.【单选题】下列关于土方回填压实的基本规定的各项中，错误的是（　　）。
A. 对有密实度要求的填方，在压实之后，对每层回填土一般采用环刀法（或灌砂法）取样测定
B. 基坑和室内填土，每层按20~50m² 取样一组
C. 场地平整填方，每层按400~900m³ 取样一组
D. 填方结束后应检查标高、边坡坡度、压实程度等

6.【多选题】下列关于土方回填压实的基本规定的各项中，正确的是（　　）。
A. 碎石类土、砂土和爆破石渣（粒径不大于每层铺土后2/3）可作各层填料
B. 人工填土每层虚铺厚度，用人工木夯夯实时不大于25cm，用打夯机械夯实时不大于30cm
C. 铺土应分层进行，每次铺土厚度不大于30~50cm（视所用压实机械的要求而定）
D. 当填方基底为耕植土或松土时，应将基底充分夯实和碾压密实
E. 机械填土时填土程序一般尽量采取横向或纵向分层卸土，以利行驶时初步压实

【答案】1.×；2.×；3.√；4.B；5.B；6.CDE

考点37：混凝土基础施工工艺★

教材点睛　教材P74~P75

1. 混凝土基础施工工艺流程：基坑测量放线→（基础降水）→基坑开挖→（边坡支护）→验槽→（地基处理）→垫层放线→垫层混凝土浇筑→基础放线→基础验线→基

> **教材点睛** 教材 P74~P75（续）

础钢筋绑扎→基础钢筋隐蔽→基础模板支设→基础混凝土浇筑。

2. 钢筋混凝土扩展基础（独立基础、条形基础）施工要点

（1）基坑验槽完成后，应尽快进行垫层混凝土施工，以保护地基。
（2）先支模后绑扎钢筋，模板支设要求牢固，无缝隙。
（3）钢筋绑扎完成后，做好隐蔽验收工作。
（4）混凝土浇筑前，应将模板内的垃圾、杂物应清除干净；木模板应浇水湿润。
（5）混凝土宜分段分层浇筑，每层厚度不超过500mm，各段各层间应互相衔接长度2~3m，逐段逐层呈阶梯形推进；混凝土应连续浇筑，以保证结构良好的整体性。

3. 筏形基础（梁板式、平板式）、箱形基础施工要点

（1）当基坑开挖危及邻近建、构筑物、道路及地下管线的安全与使用时，开挖也应采取支护措施。
（2）基础长度超过40m时，宜设置施工缝，缝宽不宜小于80cm。在施工缝处，钢筋必须贯通。
（3）基础混凝土应采用同一品种水泥、掺合料、外加剂和同一配合比。

巩固练习

1.【判断题】钢筋混凝土扩展基础施工流程：测量放线→基坑开挖、验槽→垫层施工→基础模板→钢筋绑扎→浇筑混凝土。　　　　　　　　　　　　　　　（　）

2.【单选题】下列关于钢筋混凝土扩展基础混凝土浇筑的基本规定，错误的是(　　)。

A. 混凝土分层浇筑厚度不超过500mm
B. 混凝土倾落高度超过3m，应设漏斗、串筒
C. 各层各段间衔接处应逐段逐层呈阶梯形推进
D. 混凝土应连续浇筑，以保证结构良好的整体性

3.【多选题】下列关于筏形基础的基本规定正确的是(　　)。

A. 筏形基础分为梁板式和平板式两种类型
B. 在施工缝处钢筋可以断开
C. 回填应由两侧向中间进行，并分层夯实
D. 机械开挖时应保留200~300mm土层由人工挖除
E. 基础长度超过40m时，宜设置施工缝，缝宽不宜小于80cm

【答案】1. ×；2. B；3. ADE

第二节 砌 体 工 程

考点 38：砌体工程

> **教材点睛** 教材 P76~P78
>
> **1. 砌体工程的类型包括**：砖砌体、石砌体、砌块砌体、配筋砌体。
>
> **2. 砖砌体施工要点**
>
> （1）找平、放线：砌筑前，在基础防潮层或楼面上先用水泥砂浆或细石混凝土找平，然后在龙门板上以定位钉为标志，弹出墙的轴线、边线，定出门窗洞口位置。
>
> （2）摆砖：校对放出的墨线在门窗洞口、附墙垛等处是否符合砖的模数，以尽可能减少砍砖，并使砌体灰缝均匀（砖缝10mm），组砌得当。
>
> （3）立皮数杆：一般立于房屋的四大角、内外墙交接处、楼梯间以及洞口等部位，间距10~15m。皮数杆应有两个方向斜撑或锚钉加以固定，每次砌砖前应用水准仪校正标高，检查皮数杆的垂直度和牢固程度。
>
> （4）盘角、砌筑：盘角时主要大角不宜超过5皮砖，且应随砌随盘，做到"三皮一吊，五皮一靠"，对照皮数杆检查无误后，才能挂线砌筑中间墙体。砌筑时要挂线砌筑，一砖墙单面挂线，一砖半以上砖墙宜双面挂线。
>
> （5）清理、勾缝：砌筑完成后，应及时清理墙面和落地灰。墙面勾缝有采用砌筑砂浆随砌随勾缝，灰缝深度1cm，砌完整个墙体后，再用细砂拌制1：1.15水泥砂浆勾缝。
>
> （6）楼层轴线引测：根据龙门板上标注的轴线位置将轴线引测到房屋的外墙基上，二层以上各层墙的轴线，可用经纬仪或吊锤球引测到楼层上，同时根据图轴线尺寸用钢尺进行校核。
>
> （7）楼层标高的控制方法有两种：一种采用皮数杆控制，另一种在墙角两点弹出水平线进行控制。
>
> **3. 砌块砌体施工要点**
>
> （1）基层处理：清理砌筑基层，用砂浆找平，拉线，用水平尺检查其平整度。
>
> （2）砌底部实心砖：在砌第一皮加气砖前，应用实心砖砌筑，高度宜≤200mm。
>
> （3）拉准线、铺灰、依准线砌筑：灰缝厚度宜为15mm，灰缝要求横平竖直，水平灰缝应饱满；竖缝采用挤浆和加浆方法，不得出现透明缝，严禁水冲洗灌缝。
>
> （4）埋墙拉筋：与钢筋混凝土柱（墙）的连接，采取在混凝土柱（墙）上打入2ϕ6@500的膨胀螺栓，然后在膨胀螺栓上焊接ϕ6的钢筋，埋入加气砖墙体1000mm。
>
> （5）砌块整砖砌至梁底，待一周后，采用灰砂砖斜砌顶紧。
>
> **4. 毛石砌体施工要点**
>
> （1）砂浆用水泥砂浆或水泥混合砂浆，一般用铺浆法砌筑，灰缝厚度应符合要求，且砂浆饱满。毛料石和粗料石砌体的灰缝厚度≤20mm，细料石砌体的灰缝厚度≤5mm。

> **教材点睛** 教材 P76~P78(续)
>
> （2）毛石砌体宜分皮卧砌，且按内外搭接，上下错缝，拉结石、丁砌石交错设置的原则组砌，不得采用外面侧立石块，中间填心的砌筑方法。每日砌筑高度≤1.2m，在转角处及交接处应同时砌筑或留斜槎。
>
> （3）外观要求整齐的毛石墙面，外皮石材需适当加工。毛石墙的第一皮及转角、交接处和洞口处，及每个楼层砌体最上一皮，应用料石或较大的平毛石砌筑。
>
> （4）平毛石砌筑，第一皮大面向下，以后各皮上下错缝内外搭接，墙中不应放铲口石和全部对合石，毛石墙必须设置拉结石，拉结石应均匀分布相互错开，每 0.7m² 墙面至少设置一块，且同皮内的中距≤2m。
>
> （5）毛石挡土墙一般按 3~4 皮为一个分层高度砌筑，每砌一个分层高度应找平一次；毛石挡土墙外露面灰缝厚度≤40mm，两个分层高度间分层处的错缝≤80mm；对于中间毛石砌筑的料石挡土墙，丁砌料石应深入中间毛石部分的长度≥200mm；挡土墙的泄水孔若无设计规定，应按每米高度上间隔2m设置一个。

巩固练习

1. 【判断题】石砌体施工一般用铺浆法砌筑。　　　　　　　　　　　　　　　　（　）
2. 【单选题】砖砌体的施工工艺过程正确的是(　　)。
   A. 找平、放线、摆砖样、盘角、立皮数杆、砌筑、勾缝、清理、楼层标高控制、楼层轴线标引等
   B. 找平、放线、摆砖样、立皮数杆、盘角、砌筑、清理、勾缝、楼层轴线标引、楼层标高控制等
   C. 找平、放线、摆砖样、立皮数杆、盘角、砌筑、勾缝、清理、楼层轴线标引、楼层标高控制等
   D. 找平、放线、立皮数杆、摆砖样、盘角、挂线、砌筑、勾缝、清理、楼层标高控制、楼层轴线标引等
3. 【单选题】下列关于砌块砌体施工工艺的基本规定中，错误的是(　　)。
   A. 梁底待加气砖砌完 14d 后用灰砂砖斜砌顶紧
   B. 允许用水冲洗清理灌缝
   C. 在砌体底部用实心砖砌筑高度宜≥200mm
   D. 灰缝厚度宜为 15mm
4. 【多选题】下列关于石砌体施工工艺的说法正确的是(　　)。
   A. 不得采用外面侧立石块，中间填心的砌筑方法
   B. 细料石砌体的灰缝厚度≤5mm
   C. 外观要求整齐的毛石墙面，外皮石材需适当加工
   D. 每日砌筑高度≤1.2m
   E. 挡土墙的泄水孔若无设计规定，应按每米高度上间隔 3m 设置一个

【答案】1. √；2. B；3. B；4. ABCD

第三节 钢筋混凝土工程

考点 39：常见模板种类

> **教材点睛** 教材 P79～P81
>
> **1. 组合式模板**：具有通用性强、装拆方便、周转使用次数多等特点；常见形式有组合钢模板、钢框木（竹）胶合板模板两种。
> **2. 工具式模板**：是针对工程结构构件的特点，研制开发的可持续周转使用的专用性模板。它包括大模板、滑动模板、爬升模板、飞模等。
> **3. 永久性模板**：一次性消耗模板，是在结构构件混凝土浇筑后模板不拆除，并构成构件受力或非受力的组成部分。它包括压型钢板模板、预应力混凝土薄板模板。

考点 40：钢筋工程施工工艺★●

> **教材点睛** 教材 P81～P83
>
> **1. 钢筋加工包括**：除锈、调直、切断、弯曲成型等工序。加工质量需满足设计及规范要求。
> **2. 钢筋的连接**
> （1）钢筋连接的方法分为三类：绑扎搭接、焊接和机械连接。其中，受拉钢筋的直径＞25mm 及受压钢筋的直径＞28mm 时，不宜采用绑扎搭接方式。
> （2）钢筋绑扎搭接连接施工要点：同一构件中相邻纵向受力钢筋的绑扎搭接接头宜相互错开；纵向受拉钢筋搭接长度≥300mm，纵向受压钢筋搭接长度≥200mm。
> （3）钢筋焊接连接方法有：钢筋电阻点焊、钢筋电弧焊、钢筋电渣压力焊。
> （4）钢筋机械连接方法有：套筒挤压连接、锥螺纹套筒连接、镦粗直螺纹套筒连接、滚轧直螺纹套筒连接（直接滚轧螺纹、压肋滚轧螺纹、剥肋滚轧螺纹）。
> **3. 钢筋安装施工**
> （1）钢筋绑扎准备
> 1）核对成品钢筋的钢号、直径、形状、尺寸和数量等是否与料单料牌相符。
> 2）准备绑扎用的钢丝（20～22 号）、绑扎工具、绑扎架、水泥砂浆垫块或塑料卡等辅助材料、工具。
> 3）划出钢筋位置线，制定绑扎形式复杂的结构部位的施工方案。
> （2）基础钢筋绑扎施工要点
> 1）钢筋网的绑扎：单层网片及双层网片的下层网片，钢筋弯钩应朝上；双层网片的上层网片，钢筋弯钩朝下。钢筋交叉点应根据设计要求扎牢到位，注意相邻绑扎点铁丝扣成八字形布置。

> **教材点睛** 教材 P83~P84(续)
>
> 2）双层钢筋网上下层之间应设置钢筋支撑，钢筋支撑间距1m，钢筋直径根据设计板厚确定。
> 3）柱插筋位置要准确，固定牢固。
> (3) 柱钢筋绑扎施工要点
> 1）柱中的竖向钢筋搭接绑扎时，角部钢筋的弯钩应与模板成45°（多边形柱为模板内角的平分角、圆形柱应与模板切线垂直）。中间钢筋的弯钩应与模板成90°。
> 2）箍筋接头应交错布置在四角纵向钢筋上；箍筋转角与纵向钢筋交叉点均应扎牢，绑扣间成八字形。
> 3）下层柱的钢筋露出楼面部分，宜用工具式柱箍收紧固定；当柱截面有变化时，其下层柱钢筋的露出部分，必须在绑扎梁的钢筋之前先行收缩准确。
> 4）框架梁、牛腿及柱帽等钢筋，应放在柱的纵向钢筋内侧。
> (4) 梁、板钢筋绑扎施工要点
> 1）单向受力板，应先铺设平行于短边方向的受力钢筋，后铺设平行于长边方向的分布钢筋；双向受力板，应先铺设平行于短边方向的受力钢筋，后铺设平行于长边方向的受力钢筋。
> 2）板上部的负筋、主筋与分布钢筋的相交点必须全部绑扎，并垫上保护层垫块；楼板为双层钢筋时，两层钢筋之间应设撑铁，管线应在负筋绑扎前预埋。
> 3）板、次梁与主梁交叉处，板的钢筋在上，次梁的钢筋居中，主梁的钢筋在下；当有圈梁或垫梁时，主梁的钢筋在上。
> 4）板上部负筋，双层钢筋上部钢筋，雨篷、挑檐、阳台等悬臂板钢筋，应采取防踩踏措施进行保护。
> (5) 植筋施工：在钢筋混凝土结构上钻孔，注入胶粘剂，植入钢筋，待其固化。植筋效果等同预埋筋。

巩固练习

1. 【判断题】工具式模板是可持续周转使用的通用性模板。　　　　　　　　　　（　）
2. 【判断题】当受拉钢筋的直径 $d>22$mm 及受压钢筋的直径 $d>25$mm 时，不宜采用绑扎搭接接头。　　　　　　　　　　　　　　　　　　　　　　　　　　　　　　（　）
3. 【单选题】工具式模板不包括（　　）。
   A. 滑动模板　　　B. 爬升模板　　　C. 模壳　　　D. 小钢模板
4. 【单选题】下列各项中，关于常见模板的种类、特性的基本规定不正确的说法是（　　）。
   A. 常见模板的种类有组合式模板、工具式模板两大类
   B. 爬升模板适用于现浇钢筋混凝土竖向（或倾斜）结构
   C. 飞模适用于小开间、小柱网、小进深的钢筋混凝土楼盖施工
   D. 组合式模板可事先组拼成梁、柱、墙、楼板的大型模板，整体吊装就位，也可采

用散支散拆方法

5.【单选题】组合式模板的特点不包括( )。
A. 通用性强
B. 装拆方便
C. 周转使用次数多
D. 专用性强

6.【单选题】飞模组成不包括( )。
A. 支撑系统
B. 平台板
C. 电动脱模系统
D. 升降和行走机构

7.【单选题】下列各项中，关于钢筋安装的基本规定正确的说法是( )。
A. 钢筋绑扎用的22号钢丝只用于绑扎直径14mm以下的钢筋
B. 基础底板采用双层钢筋网时，在上层钢筋网下面每隔1.5m放置一个钢筋撑脚
C. 基础钢筋绑扎的施工工艺流程为：清理垫层、画线→摆放下层钢筋，并固定绑扎→摆放钢筋撑脚（双层钢筋时）→绑扎柱墙预留钢筋→绑扎上层钢筋
D. 控制混凝土保护层用的水泥砂浆垫块或塑料卡的厚度，应等于保护层厚度

8.【单选题】钢筋机械连接的方法不包括( )。
A. 电渣压力焊连接
B. 滚轧直螺纹套筒连接
C. 锥螺纹套筒连接
D. 套筒挤压连接

9.【多选题】下列各项中，属于钢筋加工的是( )。
A. 钢筋除锈
B. 钢筋调直
C. 钢筋切断
D. 钢筋冷拉
E. 钢筋弯曲成型

【答案】1.×；2.×；3.D；4.C；5.D；6.C；7.D；8.A；9.ABCE

考点41：混凝土工程施工工艺★

教材点睛 教材 P84~P86

1. 混凝土工程施工工艺流程：混凝土拌合料的制备→运输→浇筑→振捣→养护。

2. 混凝土拌合料的运输

（1）运输要求：能保持混凝土的均匀性，不离析、不漏浆；浇筑点坍落度检测符合设计配合比要求；应在混凝土初凝前浇入模板并捣实完毕；保证混凝土浇筑能连续进行。

（2）运输时间【详见表4-3，P85】

（3）运输方案及运输设备：多采用混凝土搅拌运输车运；在工地内混凝土运输可选用"泵送"或"塔式起重机+料斗"两种方式。

3. 混凝土浇筑施工要求

（1）基本要求

1）混凝土应连续作业、分层浇筑，分层捣实，但两层混凝土浇捣时间间隔不超过规范规定。

2）竖向结构混凝土浇筑前，应底部浇筑50~100mm厚与混凝土内砂浆同配比的水泥砂浆（接浆处理）；浇筑高度超过2m时，应采用溜槽或串筒下料。

> **教材点睛** 教材 P84~P86(续)
>
> 3)浇筑过程应观察模板及其支架、钢筋、埋设件和预留孔洞的情况,当发现变形或位移应立即处理。
>
> (2)施工缝的留设和处理
>
> 1)留置:施工缝的位置应事先确定,施工缝应留在结构受剪力较小且便于施工的部位。柱子应留水平缝,梁、板和墙应留垂直缝。
>
> 2)处理:待施工缝混凝土抗压强度≥1.2MPa时,可继续浇筑混凝土;将施工缝处混凝土表面凿毛、清洗、清除水泥浆膜和松动石子或软弱混凝土层,再满铺一层10~15mm厚与混凝土同水灰比的水泥砂浆。
>
> (3)混凝土振捣:根据结构特点选用适用的振捣机械振捣混凝土,尽快将拌合物中的空气振出。振捣机械按其作业方式可分为:插入式振动器、表面振动器、附着式振动器和振动台。
>
> **4. 混凝土养护**
>
> (1)养护方法:自然养护(洒水养护、喷洒塑料薄膜养生液养护)、蒸汽养护、蓄热养护等。
>
> (2)混凝土必须养护至其强度达到1.2MPa以上,方可上人、作业。

巩固练习

1.【判断题】自然养护是指利用平均气温高于5℃的自然条件,用保水材料或草帘等对混凝土加以覆盖后适当浇水,使混凝土在一定的时间内在湿润状态下硬化。( )

2.【判断题】混凝土必须养护至其强度达到1.2MPa以上,才准在上面行人和架设支架、安装模板。( )

3.【单选题】下列各项中,关于混凝土拌合料运输过程中一般要求不正确的说法是( )。

A. 保持其均匀性,不离析、不漏浆
B. 保证混凝土能连续浇筑
C. 运到浇筑地点时应具有设计配合比所规定的坍落度
D. 应在混凝土终凝前浇入模板并捣实完毕

4.【单选题】浇筑竖向结构混凝土前,应先在底部浇筑一层水泥砂浆,对砂浆的要求是( )。

A. 与混凝土内砂浆成分相同且强度高一级
B. 与混凝土内砂浆成分不同且强度高一级
C. 与混凝土内砂浆成分不同
D. 与混凝土内砂浆成分相同

5.【单选题】混凝土浇水养护的时间:对采用硅酸盐水泥、普通硅酸盐水泥或矿渣硅酸盐水泥拌制的混凝土,不得少于( )。

A. 7d B. 10d C. 5d D. 14d

6.【多选题】关于施工缝的留设与处理的说法中,正确的是(　　)。
A. 施工缝宜留在结构受剪力较小且便于施工的部位
B. 柱应留水平缝,梁、板应留垂直缝
C. 在施工缝处继续浇筑混凝土时,应待浇筑的混凝土抗压强度不小于1.2MPa方可进行
D. 对施工缝进行处理需满铺一层厚20~50mm水泥砂浆或与混凝土同水灰比水泥砂浆,方可浇筑混凝土
E. 继续浇筑混凝土前,应清除施工缝混凝土表面的水泥浆膜、松动石子及软弱的混凝土层

7.【多选题】用于振捣密实混凝土拌合物的机械,按其作业方式可分为(　　)。
A. 插入式振动器   B. 表面振动器
C. 振动台   D. 独立式振动器
E. 附着式振动器

【答案】1.√;2.√;3.D;4.D;5.A;6.ABCE;7.ABCE

第四节　钢 结 构 工 程

考点42:钢结构工程★

教材点睛　教材P86~P89

1. 钢结构的连接方法

(1) 焊接连接:常用方法有手工电弧焊、自动(半自动)埋弧焊、气体保护焊。

(2) 螺栓连接:常用方法有普通螺栓连接、高强度螺栓连接、自攻螺钉连接、铆钉连接。

2. 钢结构安装施工工艺要点

(1) 吊装施工:吊点采用四点绑扎,绑扎点应用软材料垫保护;起吊时,先将钢构件吊离地面50cm左右对准安装位置中心,然后将钢构件吊至需连接位置,对准预留螺栓孔就位;将螺栓穿入孔内,初拧固定,垂直度校正后终拧螺栓固定。

(2) 钢构件螺栓连接施工要点

1) 钢构件拼装前应检查清除飞边、毛刺、焊接飞溅物等,摩擦面应保持干燥,不得在雨中作业。

2) 根据设计要求复核螺栓的规格和螺栓型号;将螺栓自由穿入孔内,不得强行敲打,不得气割扩孔。

3) 应从螺栓群中央按顺序向外施拧,当天须终拧完毕;对于大型节点螺栓数量较多时,则需要增加一道复拧工序,复拧扭矩仍等于初拧的扭矩,以保证螺栓均达到初拧值。

> **教材点睛** 教材 P86~P89(续)
>
> 4）施拧采用电动扭矩扳手，按拧紧力矩的 50% 进行初拧，然后按 100% 拧紧力矩进行终拧。拧紧时对螺母施加顺时针力矩，对梅花头施加逆时针力矩，终拧至栓杆端部断颈拧掉梅花头为止。
>
> 5）高强度螺栓上、下接触面处加有 1/20 以上斜度时应采用垫圈垫平。高强度螺栓不得兼作安装螺栓。高强度螺栓孔必须采用机械钻孔，中心线倾斜度不得大于 2mm。
>
> （3）钢构件焊接连接
>
> 1）焊接区表面及其周围 20mm 范围内，应用彻底清除待焊处表面的氧化皮、锈、油污、水分等污物。
>
> 2）施焊前，焊工应复核焊接件的接头质量和焊接区域的坡口、间隙、钝边等的处理情况。
>
> 3）厚度 12mm 以下板材，可不开坡口；厚度较大板，需开坡口焊，一般采用手工打底焊。
>
> 4）多层焊时，一般每层焊高为 4~5mm；填充层总厚度低于母材表面 1~2mm，不得熔化坡口边；盖面层应使焊缝对坡口熔宽每边 3±1mm。
>
> 5）不应在焊缝以外的母材上打火引弧。

巩固练习

1.【判断题】钢构件焊接施焊前，焊工应复核焊接件接头质量和焊接区域的坡口、间隙、钝边等的处理情况。　　　　　　　　　　　　　　　　　　　　（　　）

2.【单选题】钢结构的连接方法不包括(　　)。

A. 绑扎连接　　　　　　　　　B. 焊接

C. 螺栓连接　　　　　　　　　D. 铆钉连接

3.【单选题】高强度螺栓的拧紧问题说法错误的是(　　)。

A. 高强度螺栓连接的拧紧应分为初拧、终拧

B. 对于大型节点应分为初拧、复拧、终拧

C. 复拧扭矩应当大于初拧扭矩

D. 扭剪型高强度螺栓拧紧时对螺母施加逆时针力矩

4.【单选题】下列焊接方法中，不属于钢结构工程常用的是(　　)。

A. 自动（半自动）埋弧焊　　　B. 闪光对焊

C. 药皮焊条手工电弧焊　　　　D. 气体保护焊

5.【单选题】钢结构气体保护焊目前应用较多的是(　　)。

A. 熔化极气体保护焊　　　　　B. 钨极氩弧焊

C. 镍极氩弧焊　　　　　　　　D. CO_2 气体保护焊

6.【多选题】下列关于钢结构安装施工要点的说法中，错误的是(　　)。

A. 起吊事先将钢构件吊离地面 30cm 左右，使钢构件中心对准安装位置中心

B. 高强度螺栓上、下接触面处加有 1/15 以上斜度时应采用垫圈垫平

C. 施焊前，焊工应检查焊接件的接头质量和焊接区域的坡口、间隙、钝边等的处理情况
D. 厚度大于12～20mm的板材，单面焊后，背面清根，再进行焊接
E. 焊道两端加引弧板和熄弧板，引弧和熄弧焊缝长度应大于或等于150mm

【答案】1.√；2.A；3.C；4.B；5.D；6.ABE

第五节 防 水 工 程

考点43：防水砂浆防水施工工艺★

教材点睛　教材P85～P91

1. **防水砂浆防水层属于刚性防水**。分为刚性多层抹面水泥砂浆防水、掺防水剂水泥砂浆防水、聚合物水泥砂浆防水等三种类型。
2. **常用防水剂**分氯化物金属盐类和金属皂两类。防水剂掺量占水泥重量的3％～5％。
3. 防水**施工环境温度5～35℃**，在结构变形、沉降稳定后进行。为防止裂缝可在防水层内增设金属网片。
4. **基层处理**：清理干净表面、浇水湿润、补平表面蜂窝孔洞，使基层表面平整、坚实、粗糙，以增加防水层与基层间的粘结力。
5. 防水砂浆应**分层施工**，每层养护凝固或阴干后，方可进行下一层施工。
6. 防水砂浆防水层完工并待其强度达到要求后，应进行检查，以防水层不渗水为合格。

考点44：防水混凝土施工工艺★

教材点睛　教材P91～P92

1. **防水混凝土属于刚性防水**；选材要求：水泥强度等级不低于42.5MPa，水化热低，抗水性好，保水性好，有一定抗侵蚀性的水泥品种；粗骨料粒径5～30mm的碎石，平均粒径0.4mm的中砂；制备要求：水灰比＜0.6，坍落度＜50mm，水泥用量在320～400kg/m³，砂率取35％～40％。
2. **模板施工要求**：模板拼缝严密，保证不漏浆；贯穿墙体的对拉螺栓，要加止水片，拆模后沿混凝土结构边缘将螺栓割断，刷防锈漆。
3. **钢筋施工要求**：迎水面防水混凝土的钢筋保护层厚度＞50mm；钢筋以及绑扎铁丝均不得接触模板；若采用铁马凳架设钢筋时，应在铁马凳上加焊止水环。
4. **混凝土施工要求**：严格分层连续浇筑，每层厚度不宜超过300～400mm，机械振捣密实，浇筑自由落下高度＜1.5m；在常温下，混凝土终凝后（一般浇筑后4～6h），其表面覆盖草袋，浇水养护，防水混凝土养护时间＜14d；防水混凝土结构拆模时，结构表面与周围气温的温差不应过大（一般＜15℃）。

> **教材点睛** 教材 P91~P92(续)

5. 施工缝施工要求：底板混凝土应连续浇筑，不得留施工缝；墙体一般只允许留水平施工缝，其位置一般宜留在高出底板上表面<500mm的墙身上，如必须留设垂直施工缝时，则应留在结构变形缝处；浇筑施工缝混凝土前，应将施工缝处混凝土凿毛，清除浮粒和杂物，用水清洗干净并保持湿润，再铺上一层厚20~50mm与混凝土成分相同的水泥砂浆。

考点45：涂料防水工程施工工艺★

> **教材点睛** 教材 P92~P94

1. 防水涂料防水层属于柔性防水层。常用的防水涂料有橡胶沥青类防水涂料、聚氨酯防水涂料、硅橡胶防水涂料、丙烯酸酯防水涂料、沥青类防水涂料等。

2. 找平层施工：有水泥砂浆找平层、沥青砂浆找平层、细石混凝土找平层三种，施工要求密实平整，找好坡度。找平层的种类及施工要求见表4-5（P92）。

3. 防水层施工

（1）涂刷基层处理剂：涂刷时应用刷子用力薄涂，使涂料尽量刷进基层表面的毛细孔，并将基层可能留下来的少量灰尘等无机杂质与基层牢固结合。

（2）涂刷防水涂料：施工方法有刮涂、刷涂和机械喷涂。

（3）铺设胎体增强材料：胎体增强材料可以是单一品种，也可以采用玻璃纤维布和聚酯纤维布混合使用。一般下层采用聚酯纤维布，上层采用玻璃纤维布。施工方法可采用湿铺法或干铺法铺贴。铺设位置在涂刷第二遍涂料时，或第三遍涂料涂刷前。

（4）收头处理：所有收头均应用密封材料压边，压边宽度≥10mm，收头处的胎体增强材料应裁剪整齐，不得出现翘边、皱折、露白等现象。

4. 保护层种类有：水泥砂浆、泡沫塑料、细石混凝土和砖墙四种，施工要求不得损坏防水层。

考点46：卷材防水工程施工工艺★

> **教材点睛** 教材 P94

1. 卷材防水材料：沥青防水卷材、高聚物改性沥青防水卷材。

2. 材料检验：防水卷材及配套材料应有产品合格证书和性能检测报告，材料进场后需进行材料复试。

3. 防水层施工要点

（1）找平层表面应坚固、洁净、干燥。

（2）基层处理剂应采用与卷材性能配套（相容）的材料，或采用同类涂料的底子油。

（3）铺贴高分子防水卷材时，切忌拉伸过紧，以免使卷材长期处在受拉应力状态，加速卷材老化。

> **教材点睛** 教材 P94（续）
>
> （4）胶粘剂涂刷与粘合的间隔时间，受胶粘剂本身性能、气温湿度影响，要根据试验、经验确定。
>
> （5）卷材搭接缝结合面应清洗干净，均匀涂刷胶粘剂后，要控制好胶粘剂涂刷与粘合间隔时间，粘合时要排净接缝间的空气，辊压粘牢。接缝口应采用宽度≥10mm的密封材料封严，以确保防水层的整体防水性能。

巩固练习

1. 【判断题】防水砂浆防水层通常称为刚性防水层，是依靠增加防水层厚度和提高砂浆层的密实性来达到防水要求。（ ）

2. 【判断题】防水层每层应连续施工，素灰层与砂浆层允许不在同一天施工完毕。（ ）

3. 【判断题】按工程部位和用途，防水工程可分为屋面防水工程、地下防水工程、楼地面防水工程三大类。（ ）

4. 【判断题】为了提高混凝土的防水要求，可在混凝土中加入一定量的外加剂。（ ）

5. 【单选题】下列关于防水砂浆防水层施工的说法中，正确的是（ ）。
A. 砂浆防水是分层分次施工，相互交替抹压密实的封闭防水整体
B. 防水砂浆防水层的背水面基层的防水层采用五层做法，迎水面基层的防水层采用四层做法
C. 防水层每层应连续施工，素灰层与砂浆层可不在同一天施工完毕
D. 揉浆既保护素灰层又起到防水作用，当揉浆难时，允许加水稀释

6. 【单选题】下列关于掺防水剂水泥砂浆防水施工的说法中，错误的是（ ）。
A. 施工工艺流程为：找平层施工→防水层施工→质量检查
B. 采用抹压法分层铺抹防水砂浆，每层厚度为10～15mm，总厚度不小于30mm
C. 氯化铁防水砂浆施工时，底层防水砂浆抹完12h后，抹压面层防水砂浆，其厚13mm分两遍抹压
D. 防水层施工时的环境温度为5～35℃

7. 【单选题】下列关于涂料防水施工工艺的说法中，错误的是（ ）。
A. 防水涂料防水层属于柔性防水层
B. 一般采用外防外涂和外防内涂施工方法
C. 施工工艺流程为：找平层施工→保护层施工→防水层施工→质量检查
D. 找平层有水泥砂浆找平层、沥青砂浆找平层、细石混凝土找平层三种

8. 【单选题】下列关于涂料防水中防水层施工的说法中，正确的是（ ）。
A. 湿铺法是在铺第三遍涂料涂刷时，边倒料、边涂刷、边铺贴的操作方法
B. 对于流动性差的涂料，可以采用分条间隔施工的方法，条带宽800～1000mm
C. 胎体增强材料混合使用时，一般下层采用玻璃纤维布，上层采用聚酯纤维布

D. 所有收头均应用密封材料压边,压边宽度不得小于20mm

9.【单选题】下列关于卷材防水施工的说法中,错误的是( )。
A. 基层处理剂应采用与卷材性能配套(相容)的材料,或采用同类涂料的底子油
B. 铺贴高分子防水卷材时,切忌拉伸过紧,以免使卷材长期处在受拉应力状态,易加速卷材老化
C. 施工工艺流程为:找平层施工→防水层施工→保护层施工→质量检查
D. 卷材搭接接缝口应采用宽度不小于20mm的密封材料封严,以确保防水层的整体防水性能

10.【多选题】下列关于防水混凝土施工工艺的说法中,错误的是( )。
A. 水泥选用强度等级不低于32.5级
B. 在保证能振捣密实的前提下水灰比尽可能小,一般不大于0.6,坍落度不大于50mm
C. 为了有效起到保护钢筋和阻止钢筋的引水作用,迎水面防水混凝土的钢筋保护层厚度不得小于35mm
D. 在浇筑过程中,应严格分层连续浇筑,每层厚度不宜超过300~400mm,机械振捣密实
E. 墙体一般允许留水平施工缝和垂直施工缝

11.【多选题】下列关于涂料防水中找平层施工的说法中,正确的是( )。
A. 采用沥青砂浆找平层时,辊筒应保持清洁,表面可涂刷柴油
B. 采用水泥砂浆找平层时,铺设找平层12h后,须洒水养护或喷冷底子油养护
C. 采用细石混凝土找平层时,浇筑时混凝土的坍落度应控制在20mm,浇捣密实
D. 沥青砂浆找平层一般不宜在气温0℃以下施工
E. 采用细石混凝土找平层时,浇筑完板缝混凝土后,应立即覆盖并浇水养护3d,待混凝土强度等级达到1.2MPa时,方可继续施工

12.【多选题】下列关于防水混凝土施工工艺的说法中,错误的是( )。
A. 水泥选用强度等级不低于32.5级
B. 在保证能振捣密实的前提下水灰比尽可能小,一般不大于0.6,坍落度不大于50mm
C. 为了有效起到保护钢筋和阻止钢筋的引水作用,迎水面防水混凝土的钢筋保护层厚度不得小于35mm
D. 在浇筑过程中,应严格分层连续浇筑,每层厚度不宜超过300~400mm,机械振捣密实
E. 墙体一般允许留水平施工缝和垂直施工缝

【答案】1.√;2.×;3.√;4.√;5.A;6.B;7.C;8.B;9.D;10.ACE;11.ABD;12.ACE

第五章 施工项目管理

第一节 施工项目管理的内容及组织

考点 47：施工项目管理的特点及内容●

教材点睛 教材 P95~P96

1. 施工项目管理的特点：①主体是建筑企业。②对象是施工项目。③管理内容是按阶段变化的。④要求是强化组织协调工作。

2. 施工项目管理的内容（八个方面）：①建立施工项目管理组织②编制施工项目管理规划③施工项目的目标控制④施工项目的生产要素管理⑤施工项目的合同管理⑥施工项目的信息管理⑦施工现场的管理⑧组织协调。

考点 48：施工项目管理的组织机构★●

教材点睛 教材 P96~P99

1. 施工项目管理组织的主要形式：直线式、职能式、矩阵式、事业部式等。

2. 施工项目经理部：由企业授权，在施工项目经理的领导下建立的项目管理组织机构，是施工项目的管理层，其职能是对施工项目实施阶段进行综合管理。

(1) 项目经理部的性质：相对独立性、综合性、临时性。

(2) 建立施工项目经理部的基本原则

1) 根据所设计的项目组织形式设置。

2) 根据施工项目的规模、复杂程度和专业特点设置。

3) 根据施工工程任务需要调整。

4) 适应现场施工的需要。

(3) 项目经理部部门设置（5个基本部门）：经营核算部、技术管理部、物资设备供应部、质量安全部、安全后勤部。

(4) 项目部岗位设置及职责

1) 项目部设置最基本的六大岗位：施工员、质量员、安全员、资料员、造价员、测量员，其他还有材料员、标准员、机械员、劳务员等。

2) 岗位职责

① 施工项目经理：施工项目的最高责任人和组织者，是决定施工项目盈亏的关键性角色。

② 项目技术负责人：在项目部经理的领导下，负责项目部施工生产、工程质量、

> **教材点睛** 教材 P99~P100（续）
>
> 生产和机械设备管理工作。
> ③ 施工员、质量员、安全员、资料员、造价员、测量员、材料员、标准员、机械员、劳务员都是项目的专业人员，是施工现场的管理者。
> （5）项目经理部的解体：企业工程管理部门是项目经理部解体善后工作的主管部门，主要负责项目经理部的解体后工程项目在保修期间问题的处理，包括因质量问题造成的返（维）修、工程剩余价款的结算以及回收等。

巩固练习

1.【判断题】施工项目管理是指建筑企业运用系统的观点、理论和方法对施工项目进行的决策、计划、组织、控制、协调等全过程的全面管理。（　　）

2.【判断题】在工程开工前，由项目经理组织编制施工项目管理实施规划，对施工项目管理从开工到交工验收进行全面的指导性规划。（　　）

3.【判断题】项目经理部是工程的主管部门，主要负责工程项目在保修期间问题的处理，包括因质量问题造成的返（维）修、工程剩余价款的结算以及回收等。（　　）

4.【判断题】在现代施工企业的项目管理中，施工项目经理是施工项目的最高责任人和组织者，是决定施工项目盈亏的关键性角色。（　　）

5.【判断题】施工现场包括红线以内占用的建筑用地和施工用地以及临时施工用地。（　　）

6.【单选题】下列选项中关于施工项目管理的特点说法错误的是（　　）。
A. 对象是施工项目　　　　　　B. 主体是建设单位
C. 内容是按阶段变化的　　　　D. 要求强化组织协调工作

7.【单选题】下列选项中，不属于施工项目管理组织的主要形式的是（　　）。
A. 直线式　　　　　　　　　　B. 线性结构式
C. 矩阵式　　　　　　　　　　D. 事业部式

8.【单选题】下列关于施工项目管理组织的形式的说法中，错误的是（　　）。
A. 线性组织适用于大型项目，工期要求紧，要求多工种、多部门配合的项目
B. 事业部式适用于大型经营型企业的工程承包
C. 部门控制式项目组织一般适用于专业性强的大中型项目
D. 矩阵项目组织适用于同时承担多个需要进行项目管理工程的企业

9.【单选题】下列选项不属于项目经理部性质的是（　　）。
A. 法律强制性　　　　　　　　B. 相对独立性
C. 综合性　　　　　　　　　　D. 临时性

10.【单选题】下列选项中，不属于建立施工项目经理部的基本原则的是（　　）。
A. 根据所设计的项目组织形式设置
B. 适应现场施工的需要
C. 满足建设单位关于施工项目目标控制的要求

D. 根据施工工程任务需要调整

11.【单选题】不属于施工项目经理部综合性主要表现的是（　　）。
A. 随项目开工而成立，随着项目竣工而解体
B. 管理职能是综合的
C. 管理施工项目的各种经济活动
D. 管理业务是综合的

12.【单选题】项目部设置的最基本的岗位不包括（　　）。
A. 统计员　　　　　　　　　B. 施工员
C. 安全员　　　　　　　　　D. 质量员

13.【多选题】施工项目管理周期包括（　　）竣工验收、保修等。
A. 建设设想　　　　　　　　B. 工程投标
C. 签订施工合同　　　　　　D. 施工准备
E. 施工

14.【多选题】下列各项中，不属于施工项目管理的内容的是（　　）。
A. 建立施工项目管理组织　　B. 编制《施工项目管理目标责任书》
C. 施工项目的生产要素管理　D. 施工项目的施工情况的评估
E. 施工项目的信息管理

15.【多选题】下列各部门中，项目经理部不需设置的是（　　）。
A. 经营核算部门　　　　　　B. 物资设备供应部门
C. 设备检查检测部门　　　　D. 测试计量部门
E. 企业工程管理部门

【答案】1.√；2.√；3.×；4.√；5.×；6.B；7.B；8.C；9.A；10.C；11.A；12.A；13.BCDE；14.BD；15.CE

第二节　施工项目目标控制

考点49：施工项目目标控制★●

教材点睛　教材 P101~P106

1. 施工项目目标控制主要包括：施工项目进度控制、质量控制、成本控制、安全控制四个方面。

2. 施工项目目标控制的任务

（1）施工项目进度控制的任务：编制最优的施工进度计划；检查施工实际进度情况，对比计划进度，动态控制施工进程；出现偏差，分析原因和评估影响度，制定调整措施。

（2）施工项目质量控制的任务：准备阶段编制施工技术文件，制定质量管理计划和质量控制措施，进行施工技术交底；施工阶段对实施情况进行监督、检查和测量，找出存在的质量问题，分析质量问题的成因，采取补救措施。

> **教材点睛** 教材 P101~P106(续)

(3) 施工项目成本控制的任务：开工前预测目标成本，编制成本计划；项目实施过程中，收集实际数据，进行成本核算；对实际成本和计划成本进行比较，如果发生偏差，应及时进行分析，查明原因，并及时采取有效措施，不断降低成本。将各项生产费用控制在原来所规定的标准和预算之内，以保证实现规定的成本目标。

(4) 施工项目安全控制的任务（包括职业健康、安全生产和环境管理两个部分）

1）职业健康管理的主要任务：制定并落实职业病、传染病的预防措施；为员工配备必要的劳动保护用品，按要求购买保险；组织员工进行健康体检，建立员工健康档案等。

2）安全生产管理的主要任务：制定安全管理制度、编制安全管理计划和安全事故应急预案；识别现场的危险源，采取措施预防安全事故；进行安全教育培训、安全检查，提高员工的安全意识和素质。

3）环境管理的主要任务：规范现场的场容环境，保持作业环境的整洁卫生；预防环境污染事件，减少施工对周围居民和环境的影响等。

3. 施工项目目标控制的措施

(1) 施工项目进度控制的措施：组织措施、技术措施、合同措施、经济措施和信息管理措施等。

(2) 施工项目质量控制的措施：提高管理、施工及操作人员素质；建立完善的质量保证体系；加强原材料质量控制；提高施工的质量管理水平；确保施工工序的质量；加强施工项目的过程控制（三检制）。

(3) 施工项目安全控制的措施：安全制度措施、安全组织措施、安全技术措施（详见表5-1、2，P101）。

(4) 施工项目成本控制的措施：组织措施、技术措施、经济措施、合同措施。

巩固练习

1.【判断题】项目质量控制贯穿于项目施工的全过程。　　　　　　　　　　（　　）

2.【判断题】安全管理的对象是生产中一切人、物、环境、管理状态，安全管理是一种动态管理。　　　　　　　　　　　　　　　　　　　　　　　　　　　　　（　　）

3.【单选题】施工项目的劳动组织不包括下列的（　　）。
A. 劳务输入　　　　　　　　　　B. 劳动力组织
C. 劳务队伍的管理　　　　　　　D. 劳务输出

4.【单选题】施工项目目标控制包括：施工项目进度控制、施工项目质量控制、（　　）、施工项目安全控制四个方面。
A. 施工项目管理控制　　　　　　B. 施工项目成本控制
C. 施工项目人力控制　　　　　　D. 施工项目物资控制

5.【单选题】下列各项措施中，不属于施工项目质量控制的措施的是（　　）。
A. 提高管理、施工及操作人员自身素质

B. 提高施工的质量管理水平
C. 尽可能采用先进的施工技术、方法和新材料、新工艺、新技术，保证进度目标实现
D. 加强施工项目的过程控制

6.【单选题】施工项目过程控制中，加强专项检查，包括自检、（　　）、互检。
A. 专检　　　　　　　　　　B. 全检
C. 交接检　　　　　　　　　D. 质检

7.【单选题】下列措施中，不属于施工项目安全控制的措施的是（　　）。
A. 组织措施　　　　　　　　B. 技术措施
C. 管理措施　　　　　　　　D. 制度措施

8.【单选题】下列措施中，不属于施工准备阶段的安全技术措施的是（　　）。
A. 技术准备　　　　　　　　B. 物资准备
C. 资金准备　　　　　　　　D. 施工队伍准备

9.【多选题】下列关于施工项目目标控制的措施说法错误的是（　　）。
A. 建立完善的工程统计管理体系和统计制度属于信息管理措施
B. 主要有组织措施、技术措施、合同措施、经济措施和管理措施
C. 落实施工方案，在发生问题时，能适时调整工作之间的逻辑关系，加快实施进度属于技术措施
D. 签订并实施关于工期和进度的经济承包责任制属于合同措施
E. 落实各层次进度控制的人员及其具体任务和工作责任属于组织措施

【答案】1.×；2.√；3.D；4.B；5.C；6.A；7.C；8.C；9.BD

第三节　施工资源与现场管理

考点 50：施工资源与现场管理 ★●

> **教材点睛**　教材 P107～P109
>
> **1. 施工项目资源管理**
> （1）施工项目资源管理的内容：劳动力、材料、机械设备、技术和资金等。
> （2）施工资源管理的任务：确定资源类型及数量；确定资源的分配计划；编制资源进度计划；施工资源进度计划的执行和动态调整。
>
> **2. 施工现场管理的任务和内容**
> （1）施工现场管理的任务
> 1）全面完成生产计划规定的任务，含产量、产值、质量、工期、资金、成本、利润和安全等。
> 2）按施工规律组织生产，优化生产要素的配置，实现高效率和高效益。
> 3）搞好劳动组织和班组建设，不断提高施工现场人员的思想和技术素质。

> **教材点睛** 教材 P107～P109（续）
>
> 　　4）加强定额管理，降低物料和能源的消耗，减少生产储备和资金占用，不断降低生产成本。
> 　　5）优化专业管理，建立完善管理体系，有效地控制施工现场的投入和产出。
> 　　6）加强施工现场的标准化管理，使人流、物流高效有序。
> 　　7）治理施工现场环境，改变"脏、乱、差"的状况，注意保护施工环境，做到施工不扰民。
> 　　(2) 施工项目现场管理的内容：规划及报批施工用地；设计施工现场平面图；建立施工现场管理组织；建立文明施工现场；及时清场转移。

巩固练习

1.【判断题】施工项目的生产要素主要包括劳动力、材料、技术和资金。（　　）
2.【判断题】建筑辅助材料指在施工中被直接加工，构成工程实体的各种材料。
（　　）
3.【单选题】以下不属于施工资源管理任务的是（　　）。
　A. 确定资源类型及数量　　　　　　B. 设计施工现场平面图
　C. 编制资源进度计划　　　　　　　D. 施工资源进度计划的执行和动态调整
4.【单选题】以下不属于施工项目现场管理内容的是（　　）。
　A. 规划及报批施工用地　　　　　　B. 设计施工现场平面图
　C. 建立施工现场管理组织　　　　　D. 为项目经理决策提供信息依据
5.【单选题】资金管理主要环节不包括（　　）。
　A. 资金回笼　　　　　　　　　　　B. 编制资金计划
　C. 资金使用　　　　　　　　　　　D. 筹集资金
6.【单选题】属于确定资源分配计划的工作是（　　）。
　A. 确定项目所需的管理人员和工种
　B. 编制物资需求分配计划
　C. 确定项目施工所需的各种物资资源
　D. 确定项目所需资金的数量
7.【多选题】以下属于施工项目资源管理的内容的是（　　）。
　A. 劳动力　　　　　　　　　　　　B. 材料
　C. 技术　　　　　　　　　　　　　D. 机械设备
　E. 施工现场
8.【多选题】以下各项中不属于施工资源管理的任务的是（　　）。
　A. 规划及报批施工用地　　　　　　B. 确定资源类型及数量
　C. 确定资源的分配计划　　　　　　D. 建立施工现场管理组织
　E. 施工资源进度计划的执行和动态调整
9.【多选题】以下各项中属于施工现场管理的内容的是（　　）。

A. 落实资源进度计划　　　　　　　B. 设计施工现场平面图
C. 建立文明施工现场　　　　　　　D. 施工资源进度计划的动态调整
E. 及时清场转移

【答案】1.×；2.×；3.B；4.D；5.A；6.B；7.ABCD；8.AD；9.BCE

第六章 建 筑 力 学

第一节 平 面 力 系

考点 51：平面力系 ★●

> **教材点睛** 教材 P110～P124
>
> **1. 力的基本概念和性质**
>
> **(1) 刚体的概念**：在任何外力作用下，大小和形状保持不变的物体；在静力学所研究的物体都看作是刚体。
>
> **(2) 力的三要素**：力的大小、力的方向和力的作用点。力的单位为牛顿（N）。
>
> **(3) 静力学公理**：作用力与反作用公理、二力平衡公理、加减平衡力系公理、力的平行四边形公理。
>
> **(4) 约束与约束反力**
>
> 1) 物体受力分类
>
>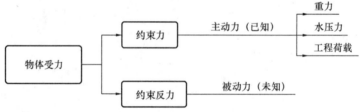
>
> 2) 工程中几种常见的约束：柔体约束、光滑接触面约束、圆柱铰链约束、链杆约束、固定铰支座、可动铰支座、固定端支座等。
>
> **2. 平面汇交力系的平衡方程**
>
> **(1) 平面汇交力系合成的几何法**
>
> 1) 作用于物体上同一点的两个力，可以合成为一个合力，合力也作用于该点，合力的大小和方向，由这两个力为邻边构成的平行四边形的对角线来确定。
>
> 2) 平面汇交力系合成的结果是一个合力，合力的大小和方向等于原力系中各力的矢量和，其作用点是原力系各力的汇交点。
>
> **(2) 平面汇交力系平衡的几何条件**
>
> 1) 平面汇交力系平衡的必要和充分条件：该力系的合力等于零。
>
> 2) 合力投影定理：合力在任一坐标轴上的投影，等于各分力在同一坐标轴上投影的代数和。
>
> 3) 平面汇交力系平衡必要和充分的解析条件：力系中所有各力在两个坐标轴上投影的代数和分别等于零。

> **教材点睛** 教材 P124～P129(续)
>
> **3. 力矩与平面力偶系**
> (1) 平面汇交力系的合力矩定理：平面汇交力系的合力对平面内任一点的力矩，等于力系中各分力对同一点的力矩的代数和。
> (2) 力偶的性质
> 1) 力偶在任一轴上的投影恒为零。力偶没有合力，不能用一个力来代替。力偶只能和力偶平衡。
> 2) 力偶对其作用平面内任一点之矩都恒等于力偶矩，而与矩心位置无关。
> 3) 力偶的等效性：在同一平面内的两个力偶，如果它们的力偶矩大小相等，转向相同，则这两个力偶等效。
> (3) 力偶系中所有力偶矩的代数和等于零。

第二节 杆件强度、刚度和稳定的基本概念

考点 52：杆件强度、刚度和稳定的概念●

> **教材点睛** 教材 P129～P132
>
> **1. 杆件变形的基本形式**：轴向拉伸或轴向压缩、剪切、扭转、平面弯曲。
> **2. 结构和构件的承载能力包括**：强度、刚度和稳定性。
> **3. 应力、应变的基本概念**
> (1) 应力的概念：单位面积上的内力称为应力。它是内力在某一点的分布集度，单位帕（Pa）。
> (2) 线性应变：杆件在轴向或横向拉力或压力作用下产生的尺寸增减。分为纵向变形和横向变形。

巩固练习

1. 【判断题】力是物体之间相互的机械作用，这种作用的效果是使物体的运动状态发生改变，而无法改变其形态。（　　）
2. 【判断题】链杆可以受到拉压、弯曲、扭转。（　　）
3. 【判断题】在平面力系中，各力的作用线都汇交于一点的力系，称为平面汇交力系。（　　）
4. 【单选题】下列属于二力杆的力学特性的是（　　）。
   A. 在两点受力，且此二力共线　　　B. 多点共线受力且处于平衡
   C. 两点受力且处于平衡状态　　　　D. 多点受力且处于平衡状态
5. 【单选题】合力的大小和方向与分力绘制的顺序的关系是（　　）。
   A. 大小与顺序有关，方向与顺序无关　B. 大小与顺序无关，方向与顺序有关

C. 大小和方向都与顺序有关　　　　　D. 大小和方向都与顺序无关

6.【单选题】可以限制构件垂直销钉平面内任意方向的移动,而不能限制构件绕销钉的转动的支座是(　　)。

A. 可动铰支座　　　　　　　　　　　B. 固定支座

C. 固定端支座　　　　　　　　　　　D. 滑动铰支座

7.【单选题】平面汇交力系中的力对平面任一点的力矩,等于(　　)。

A. 力与该力到矩心的距离的乘积

B. 力与矩心到该力作用线的垂直距离的乘积

C. 该力与其他力的合力对此点产生的力矩

D. 该力的各个分力对此点的力矩大小之和

8.【单选题】下列关于力偶的说法正确的是(　　)。

A. 力偶在任一轴上的投影恒为零,可以用一个合力来代替

B. 力偶可以和一个力平衡

C. 力偶不会使物体移动,只能转动

D. 力偶矩与矩心位置有关

9.【单选题】(　　)是结构或构件抵抗破坏的能力。

A. 强度　　　　　　　　　　　　　　B. 刚度

C. 稳定性　　　　　　　　　　　　　D. 挠度

10.【多选题】力对物体的作用效果取决于力的三要素,即(　　)。

A. 力的大小　　　　　　　　　　　　B. 力的方向

C. 力的单位　　　　　　　　　　　　D. 力的作用点

E. 力的相互作用

11.【多选题】刚体受到三个力的作用,这三个力作用线汇交于一点的条件有(　　)。

A. 三个力在一个平面　　　　　　　　B. 三个力平行

C. 刚体在三个力作用下平衡　　　　　D. 三个力不平行

E. 三个力可以不共面,只要平衡即可

12.【多选题】当力偶的两个力大小和作用线不变,而只是同时改变指向,则下列正确的是(　　)。

A. 力偶的转向不变　　　　　　　　　B. 力偶的转向相反

C. 力偶矩不变　　　　　　　　　　　D. 力偶矩变

E. 该力偶不再对物体产生转动效应

【答案】1. ×；2. ×；3. √；4. C；5. D；6. B；7. B；8. C；9. A；10. ABD；11. ACD；12. BD

第三节　材料强度、变形的基本知识

考点53：材料强度、变形的基本知识●

> **教材点睛** 教材 P132~P147
>
> **1. 材料强度和变形的基本知识**
> （1）强度和变形的基本概念
> 1）按外力作用形式，材料的强度可分为抗压强度、抗拉强度、抗弯（抗折）强度、抗剪强度等。
> 2）比强度：是指材料的强度与其表观密度之比，是衡量材料轻质高强特性的参数。
> 3）材料的力学变形包括：弹性变形、塑性变形、黏性流动变形、徐变变形等。
> ①弹性变形：随外力的解除而变形也随之消失的变形。
> ②塑性变形：部分变形随外力的解除而变形不随之消失的变形。
> （2）轴向拉伸或轴向压缩的强度、变形基本知识
> 1）轴向拉伸和压缩的内力，其作用线与杆轴线重合；轴力拉为正，压力为负。
> 2）根据强度条件解决工程实际中有关构件强度的三类问题：强度校核、设计截面、确定许可荷载。
> 3）材料的弹性模量：反映了材料抵抗弹性变形的能力。
> 4）胡克定律：在一定条件下，应力与应变成正比。
> **2. 材料强度和变形对材料选择使用的影响**
> 1）材料的结构对材料性质的影响
> ① 材料的宏观构造：主要有致密结构、多孔结构、纤维结构、层状结构、堆聚结构几种形式。
> ② 材料的宏观构造不同，其强度差别可能很大。对于内部构造非匀质的材料，其不同方向的强度，或不同外力作用形式下的强度表现会有明显的差别。
> 2）强度和变形对材料选择的影响
> ① 结构类材料：指结构中的承重构件材料；要求具有较高的强度，及适应结构变形的能力。
> ② 填充墙材料：指非承重的墙体材料；对其强度要求相对较低，但其抗变形能力要满足结构设计要求。
> ③ 功能类材料：指能实现建筑物对装饰、防水、保温、隔声等功能性需求的材料；选用时重点考虑其功能性需求。

巩固练习

1.【判断题】弹性变形是指材料在外力作用下产生变形，外力去除后保持变形后形状和大小的变形的性质称为弹性。　　　　　　　　　　　　　　　　　　　　（　　）

2. 【判断题】通常规定，轴力拉为正，压力为负。　　　　　　　　　　　　（　　）

3. 【单选题】下列关于应力与应变的关系，正确的是（　　）。
  A. 杆件的纵向变形总是与轴力及杆长成正比，与横截面面积成反比
  B. 由胡克定律可知，在弹性范围内，应力与应变成反比
  C. 实际剪切变形中，假设剪切面上的切应力是均匀分布的
  D. I_p 指极惯性矩，W_p 称为截面对圆心的抗扭截面系数

4. 【单选题】下列（　　）反映材料抵抗弹性变形的能力。
  A. 强度   B. 刚度
  C. 弹性模量   D. 剪切模量

5. 【单选题】材料必须具有较高的（　　），才能满足高层建筑及大跨度结构工程的要求。
  A. 内应力值   B. 强度值
  C. 应变值   D. 比强度值

6. 【单选题】（　　）是结构或构件抵抗破坏的能力。
  A. 刚度   B. 强度
  C. 稳定性   D. 挠度

7. 【单选题】抗拉（压）刚度可以表示为（　　）。
  A. E   B. EA
  C. C   D. CA

8. 【单选题】梁的最大正应力位于危险截面的（　　）。
  A. 中心   B. 上下翼缘
  C. 左右翼缘   D. 四个角部

9. 【单选题】下列说法错误的是（　　）。
  A. 梁的抗弯界面系数与横截面的形状和尺寸有关
  B. 危险截面为弯矩最大值所在截面
  C. 挠度是指横截面形心的竖向线位移
  D. 梁的变形可采用叠加法

10. 【多选题】杆件变形的基本形式有（　　）。
  A. 平面弯曲   B. 剪切
  C. 扭转   D. 弯扭
  E. 轴向拉伸或轴向压缩

【答案】：1. ×；2. √；3. D；4. C；5. D；6. B；7. B；8. B；9. B；10. ABCE

第四节 力学试验的基本知识

考点54：力学试验的基本知识●

> **教材点睛** 教材 P147~P152
>
> **1. 材料的力学试验**：包括拉伸、压缩、剪切与弯曲试验。
>
> **2. 工程材料可分为**：脆性材料（石料、铸铁、混凝土等）和塑性材料（低碳钢、合金钢、铜、铝等）两类。
>
> **3. 材料的拉伸与压缩试验**
>
> （1）拉伸试验可确定材料的弹性极限、伸长率、弹性模量、比例极限、面积缩减量、拉伸强度、屈服点、屈服强度和其他拉伸性能指标。
>
> （2）低碳钢拉伸试验的四个阶段：弹性阶段、屈服阶段、强化阶段、颈缩阶段。
>
> （3）在拉伸与压缩试验中，常温、静载条件下塑性材料的强度及变形指标均优于脆性材料。但当外界因素（如加载方式、温度、受力状态等）发生改变时，材料的性质也可能随之改变。
>
> **4. 材料的剪切试验**：采用单剪、双剪两种方式加载，得到切断时的剪切荷载，通过计算得到许用剪切强度。
>
> **5. 材料的弯曲试验**：主要用于测定脆性和低塑性材料的抗弯强度，塑性指标的挠度，检查材料的表面质量。

巩固练习

1. 【判断题】在低碳钢拉伸试验中屈服阶段内的最高点对应的应力值称为屈服强度。
（ ）

2. 【单选题】在低碳钢拉伸试验中强化阶段的最高点对应的应力称为(   )。
A. 屈服强度   B. 强度极限
C. 比例极限   D. 破坏强度

3. 【单选题】在低碳钢拉伸试验中比例极限对应的阶段是(   )。
A. 弹性阶段   B. 屈服阶段
C. 强化阶段   D. 颈缩阶段

4. 【单选题】关于材料的弯曲试验，下列说法正确的是(   )。
A. 材料的弯曲试验是测定材料承受竖向荷载时的力学特性的试验
B. 弯曲试验的对象是高塑性材料
C. 对脆性材料做拉伸试验，其变形量很小
D. 弯曲试验用挠度来表示塑性材料的塑性

5. 【单选题】以下说法正确的是(   )。
A. 材料的宏观构造虽然不同，但其强度差别却不大

B. 砖、砂浆是均质材料，其抗压、抗拉、抗折强度均较低
C. 水泥混凝土是均质材料，其抗压强度较高，而抗拉、抗折强度却很低
D. 水泥混凝土是非均质材料，其抗压强度较高，而抗拉、抗折强度却很低

6.【多选题】低碳钢的拉伸试验分为四个阶段，分别为（　　）。
A. 弹性阶段　　　　　　　　　　B. 屈服阶段
C. 强化阶段　　　　　　　　　　D. 颈缩阶段
E. 破坏阶段

7.【多选题】塑性材料与脆性材料在力学性能上的主要区别（　　）。
A. 塑性材料有屈服现象，而脆性材料没有
B. 两者都有屈服现象，只是脆性材料的屈服不明显
C. 塑性材料的延伸率和截面收缩率都比脆性材料大
D. 脆性材料的压缩强度极限远远大于拉伸
E. 塑性材料的拉伸强度极限远远大于压缩

8.【多选题】以下说法正确的有（　　）。
A. 结构类材料既要抵抗材料本身的自重，还要承受上部结构材料的荷载，因此对其有较高的强度要求，材料的抗变形能力可依据构造要求选择使用
B. 土木工程中常用的致密材料有钢材、沥青、石膏、玻璃等
C. 填充墙材料要承受自重荷载要求，对材料强度要求较高但对材料抗变形能力要求较低
D. 填充墙材料的抗变形能力要满足结构设计要求
E. 功能类材料结构形式差异巨大，其强度和变形等力学性质也各不相同

【答案】1. ×；2. B；3. A；4. C；5. D；6. ABCD；7. ACD；8. DE

第七章 工程预算的基本知识

第一节 工 程 计 量

考点55：工程计量★●

> **教材点睛** 教材P153~P172
>
> **1. 建筑面积的计算**
> 规范依据：《建筑工程建筑面积计算规范》GB/T 50353—2013。
> (1) 建筑面积包括使用面积、辅助面积和结构面积三部分。
> (2) 建筑面积计算有关概念
> 1) 建筑面积：建筑物（包括墙体）所形成的楼地面面积。
> 2) 自然层：按楼地面结构分层的楼层。
> 3) 结构层高：楼面或地面结构层上表面至上部结构层上表面之间的垂直距离。
> 4) 围护结构：围合建筑空间的墙体、门、窗。
> 5) 建筑空间：以建筑界面限定的、供人们生活和活动的场所。
> 6) 结构净高：楼面或地面结构层上表面至上部结构层下表面之间的垂直距离。
> 7) 围护设施：为保障安全而设置的栏杆、栏板等围挡。
> 8) 建筑物组成构件。
> (3) 计算建筑面积的规定详见P154-P158。【重点掌握不应计算建筑面积的规定(P158)】
>
> **2. 工程量计算**
> (1) 工程量计算的作用：是编制施工图预算及进行工程报价的重要因素；是施工企业编制施工作业计划、合理地安排施工进度、组织安排材料和构件的重要依据；是建筑工程财务管理和会计核算的重要依据。
> (2) 工程量计算依据：主要有施工图纸及设计说明、相关图集、施工方案、设计变更、工程签证、图纸答疑、会审记录等；工程施工合同、招标文件的商务条款；工程量计算规则。
> (3) 建筑工程工程量计算规则摘自《房屋建筑与装饰工程工程量计算规范》GB 50854—2013（见P159-P172）

巩固练习

1.【判断题】建筑面积是指建筑物的水平面面积，即各层水平投影面积的总和。
（　　）

2.【判断题】多层建筑物首层应按其外墙勒脚以上结构外围水平面积计算。（ ）

3.【判断题】以幕墙作为围护结构的建筑物，应按幕墙外边线计算建筑面积。（ ）

4.【判断题】高低连跨建筑物，其低跨内部连通时，其变形缝应计算在低跨面积内。（ ）

5.【判断题】工程量清单项目工程量计算规则是考虑了不同施工方法和加工余量的实际数量。（ ）

6.【单选题】用概算指标编制概算时，要以（ ）为计算基础。
   A. 使用面积   B. 辅助面积
   C. 结构面积   D. 建筑面积

7.【单选题】有永久性顶盖无围护结构的加油站的水平投影面积为 $80m^2$，其建筑面积为（ ）m^2。
   A. 40   B. 80
   C. 160   D. 120

8.【单选题】工程量计算规则是确定建筑产品（ ）工程数量的基本规则。
   A. 工程建设项目   B. 单项工程
   C. 单位工程   D. 分部分项

9.【单选题】单位工程计算顺序一般按（ ）列项顺序计算。
   A. 计价规范清单   B. 顺时针方向
   C. 图纸分项编号   D. 逆时针方向

10.【单选题】建筑物场地厚度在±（ ）cm以内的挖、填、运、找平，应按平整场地项目编列项。
   A. 10   B. 20
   C. 30   D. 40

11.【多选题】下列项目不应计算面积的包括（ ）。
   A. 建筑物通道   B. 建筑物内的设备管道夹层
   C. 建筑物内分隔的单层房间 D. 屋顶水箱
   E. 建筑物内的变形缝

12.【多选题】工程量是确定（ ）的重要依据。
   A. 建筑安装工程费用   B. 安排工程施工进度
   C. 编制材料供应计划   D. 质量目标
   E. 经济核算

【答案】1. ×；2. √；3. √；4. √；5. ×；6. D；7. A；8. D；9. A；10. C；11. ABCD；12. ABCE

第二节 工程造价计价

考点 56：工程造价计价●

> **教材点睛** 教材 P172～P187
>
> **1. 工程造价构成**
> （1）工程造价的含义
> 1）从投资者的角度而言，工程造价是指建设一项工程预期开支或实际开支的全部固定资产投资费用。
> 2）从市场交易的角度而言，工程造价是指工程承发包价格。
> （2）工程造价的特点：具有大额性；差异性；动态性；层次性；兼容性。
> （3）我国现行建设项目总投资构成和工程造价的构成
> 1）建设项目投资：含固定资产投资和流动资产投资两部分，其中，建设项目总投资中的固定资产投资与建设项目的工程造价在量上相等。
> 2）工程造价的构成主要划分为设备及工、器具购置费用、建筑安装工程费用、工程建设其他费用、预备费、建设期贷款利息、固定资产投资方向调节税等几项。
> （4）建筑安装工程费用构成【图 7-12（P176）、图 7-13（P177）】
>
> **2. 建筑工程定额，工程量清单计价规范及工程量计量规范**
> （1）定额的概念及分类
> 1）建筑工程定额是建筑工程设计、预算、施工及管理的基础。其反映了在一定社会生产力条件下，建筑行业生产与管理的社会平均水平或平均先进水平。
> 2）建筑工程定额的分类
> ① 按定额反映的生产要素分类：劳动定额、材料消耗定额、机械台班定额。
> ② 按定额的编制程序和用途分类：施工定额、预算定额、概算定额、概算指标、投资估算指标。
> ③ 按主编单位和管理权限分类：全国统一定额、行业统一定额、地区统一定额、企业定额、补充定额。
> （2）预算定额（消耗量定额）的应用通常包含两种方式，即直接套用和换算套用。当实际发生的施工内容与定额条件完全不符时，则定额缺项，此时可编制补充定额。
> （3）建设工程工程量清单计价规范（《建设工程工程量清单计价规范》GB 50500—2013）
> 1）"计价规范"的组成如图 7-14 所示（P186）。
> 2）"计价规范"强制规定了使用国有资金投资的建设工程发承包，必须采用工程量清单计价。
> （4）房屋建筑与装饰工程工程量计算规范（《房屋建筑与装饰工程工程量计算规范》GB 50854—2013），"计量规范"内容组成如图 7-15 所示（P187）。

> **教材点睛** 教材 P187~P204（续）

3. 工程量清单编制

工程量清单的概念和内容

1）工程量清单：载明建设工程分部分项工程项目、措施项目和其他项目的名称和相应数量以及规费和税金项目等内容的明细清单。

2）招标工程量清单：是工程量清单计价的基础，是作为编制招标控制价、投标报价、计算或调整工程量、施工索赔等的依据之一。采用工程量清单方式招标，招标工程量清单必须作为招标文件的组成部分，其准确性和完整性由招标人负责。

3）建设工程项目的工程量清单：由分部分项工程量清单、措施项目清单、其他项目清单、规费项目清单和税金项目清单等五部分组成。

4. 工程量清单计价方法

（1）分部分项工程费的计算（采用综合单价计价）

1）分部分项工程量清单项目的综合单价包含：清单项目所需的人工费、材料费、施工机械使用费和企业管理费、利润以及一定范围内的风险费用。

2）分部分项工程量清单项目综合单价＝∑（清单项目所含分项工程内容的综合单价×相应定额工程量）÷清单项目清单工程量

3）分部分项工程费＝∑（分部分项工程清单项目综合单价×相应清单项目工程量）

（2）措施项目费：包括总价措施项目和单价措施项目。

1）单价措施项目费：可以计算工程量的措施项目，采用分部分项工程量清单方式以综合单价计价。

2）总价措施项目费：包括有安全文明施工、夜间施工、二次搬运、冬雨期施工等。以"项"为单位的方式计价，应包括除规费、税金外的全部费用。其中，安全文明施工费不得作为竞争性费用。

（3）其他项目费：包括暂列金额；暂估价（包括材料、工程设备暂估价、专业工程暂估价）；计日工；总承包服务费。

1）暂列金额必须按照其他项目清单中确定的金额填写，不得变动。

2）暂估价中的材料、工程设备暂估价应按照招标工程量清单中列出的单价计入综合单价；专业工程暂估价应按照招标工程量清单中确定的金额填写。

3）计日工的费用必须按照其他项目清单列出的项目和估算的数量，由投标人自主确定各项综合单价并计算和填写人工、材料、机械使用费。

4）总承包服务费由投标人按照招标人提出协调、配合与服务要求和施工现场管理需要，自主确定总承包服务费。

（4）规费和税金：指政府和有关部门规定的施工企业必须缴纳的费用的总和，属不可竞争费用。

（5）单位工程造价＝分部分项工程费＋措施项目费＋其他项目费＋规费＋税金

（6）单项工程造价为所包含的各单位工程造价之和。

（7）建设项目工程造价为所包含的各单项工程造价之和。

> 巩固练习

1.【判断题】从投资者的角度而言，工程造价是指建设一项工程预期开支或实际开支的全部固定资产投资费用。（　　）

2.【判断题】建设项目投资含固定资产投资和流动资产投资两部分。（　　）

3.【判断题】国家融资项目投资的工程建设项目属于固有资金投资的建设工程项目，但不必须采用工程量清单计价。（　　）

4.【判断题】"计量规范"以成品考虑的项目，如采用现场制作的，应包括制作的工作内容。（　　）

5.【判断题】"计价规范"规定：工程量清单计价应包括招标文件规定，完成工程量清单所列项目的全部费用，包括分部分项工程费、措施项目费、材料设备购置费、专业工程暂估价、规费和税金。（　　）

6.【单选题】下列（　　）不属于固定资产投资。
A. 经营项目铺底流动资金　　　　B. 建设工程费
C. 预备费　　　　　　　　　　　D. 建设期贷款利息

7.【单选题】（　　）反映在一定社会生产力条件下，建筑行业生产与管理的社会平均水平或平均先进水平。
A. 定额　　　　　　　　　　　　B. 工程定额
C. 劳动定额　　　　　　　　　　D. 材料消超定额

8.【单选题】分部分项工程量清单的项目编码按《建设工程工程量清单计价规范》规定，采用（　　）编码，其中第5、6位为顺序码。
A. 四级分部工程　　　　　　　　B. 五级分部工程
C. 四级专业工程　　　　　　　　D. 五级附录分类

9.【单选题】总承包服务费属于下列（　　）清单的内容。
A. 分部分项工程量清单表　　　　B. 措施项目清单
C. 其他项目清单　　　　　　　　D. 规费、税金项目清单表

10.【单选题】以下不属于分部分项工程量清单项目综合单价的计算步骤的是（　　）。
A. 确定清单项目组价内容
B. 计算清单项目工程量
C. 计算相应定额项目的工程量
D. 确定清单项目的综合单价

11.【多选题】综合单价是指完成一个规定清单项目所需的费用，包括（　　）。
A. 人工费　　　　　　　　　　　B. 材料费
C. 机械购置费　　　　　　　　　D. 业务管理费
E. 一定范围内的风险费用

12.【多选题】投标报价时，属于不可竞争费用的有（　　）。
A. 材料费　　　　　　　　　　　B. 规费
C. 安全文明施工费　　　　　　　D. 利润
E. 税金

13. 【多选题】招标工程量清单的组成内容主要包括( )。
A. 分部分项工程量清单表　　　　　B. 措施项目清单
C. 单位工程量清单　　　　　　　　D. 规费、税金项目清单表
E. 补充工程量清单、项目及计算规则表

【答案】1. √；2. √；3. ×；4. √；5. ×；6. A；7. B；8. B；9. C；10. B；11. ABE；12. BCE；13. ABDE

第八章 物资管理的基本知识

考点 57：建筑工程物资管理概述

> **教材点睛** 教材 P205
>
> **1. 建筑工程物资的分类**
> （1）主要物资：工程实体和施工所用的建筑材料、建设设备和建筑预制构件、构配件。
> （2）辅助物资：用于辅助施工生产的各类材料及部品，如五金电料类、消防器材类、焊接材料类、劳保防护用品及低值易耗品类等。
> （3）周转物资：施工中可多次周转作用但不构成工程实体，并能够基本保持原有形态的物资，其价值逐渐转移至工程成本中。其包括周转材料类、小型机具类、防护设施类、临建设施及智慧工地适用智能设备类等。
> **2. 物资管理**：是针对施工过程中所需物资的采购、运输、验收、保管、发放、使用、核算等一系列行为，进行的计划、组织、领用、处置和控制等工作。
> **3. 施工企业的物资管理**：包括物资前期管理、物资计划管理、物资采购管理、物资使用管理、物资储备管理和物资核算管理等重要环节。
> **4. 物资管理应遵循的原则**：依法合规原则、集约高效原则、系统管理原则、信息化管理原则。

第一节 材料管理的基本知识

考点 58：材料管理 ★●

> **教材点睛** 教材 P206~P207
>
> **1. 企业材料管理体制概述**
> （1）材料管理体制要反映建筑工程生产及需求特点：要适应建筑工程生产的流动性、多变性、多工种交叉作业，要体现供、管并重。
> （2）材料管理体制要适应企业的施工任务和企业的施工组织形式
> 1）建筑企业的施工任务状况主要涉及规模、工期和分布三个方面。
> 2）按照企业承担任务的分布状况，可将建筑企业分为现场型企业、城市型企业和区域型企业。
> 3）材料管理体制的选用：①现场型企业一般采取集中管理的体制；②城市型企业常采用"集中领导，分级管理"的体制；③区域型企业应因地制宜，或采用"集中领导，分级管理"的体制。

> **教材点睛** 教材 P206~P213（续）

（3）材料管理体制要适应社会的材料供应方式，须考虑和适应分配方式和供销方式，适应地方生产货源供货情况，要结合社会资源形势。

2. 材料管理的意义

（1）建筑材料费占到工程成本的 60% 左右，对建筑工程材料进行合理的管理可以最大限度地节约材料，有效地控制材料价格和质量，对项目工程成本的控制和建筑产品的质量有举足轻重的作用。

（2）材料的管理水平将会直接影响整个建筑工程的质量等级、外部造型和使用功能等，材料组织工作直接影响到企业的生产、技术、财务、劳动、运输等方面的活动，从而决定着建筑企业的经济效益。

3. 材料管理的任务

（1）建筑企业材料管理原则：管物资必须全面管供、管用、管节约和管回收、修旧利废。

（2）建筑企业材料管理的任务：①提高计划管理质量，保证材料供应；②提高材料管理水平，保证工程进度；③加强施工现场材料管理，坚持定额用料；④严格经济核算，降低成本，提高效益。

（3）建筑企业材料管理实行分层管理，一般包括管理层材料管理和劳务层材料管理。

1）管理层材料管理的任务：建立稳定的供货关系和资源基地；组织投标报价工作；建立材料管理制度。

2）劳务层材料管理的任务：限额领料；接受项目管理人员的指导、监督和考核。

4. 材料管理的方法：根据材料对工程质量、成本影响的程度，将材料分为 ABC 三类进行管理。

5. 材料管理的内容涉及两个领域、三个方面和八个业务

（1）两个领域：材料流通领域和生产领域。

（2）三个方面：材料的供、管、用，即材料的供应、管理和使用，三者是紧密结合的。

（3）八个业务：指材料计划管理、材料采购管理、材料供应管理、材料运输管理、材料的储备管理、材料核算管理、现场材料管理和统计分析等八项业务。

1）材料计划管理：运用计划手段组织、指导、监督、调节材料的采购、供应、储备、使用，材料计划管理是材料管理的基础。

2）材料采购管理：分为集中采购管理、分散采购管理、部分集中采购管理三种模式。模式的选用取决于项目的特殊性、地理位置以及项目所在地的建材市场状况来综合考虑决定。

3）材料储备管理

> **教材点睛** 教材 P207~P222(续)
>
> ① 进场物资验收：核对到货合同、入库单据、发票、运单、装箱单、发货明细表、质量证明书、产品合格证、货运记录等有关资料，查验资料是否齐全、有效，并做好验收记录。
> ② 材料的保管：主要从选择材料保管场所、材料的码放、材料的安全消防三方面着手。
> ③ 材料保养：常用的保养方法主要有除锈、涂油、密封、干燥等。
> ④ 材料的出库：应本着先进先出的原则，要及时、准确、节约、保证生产进行。物资保管人员核对无误后按照物资发料凭证注明的数量进行发料，领发双方签字确认，同时登记物资出库台账。
> ⑤ 材料账务管理：基本要求是系统、严密、及时、准确。
> ⑥ 仓库盘点管理：要做到"三清"（数量清、质量清、账表清）；"三有"（盈亏有分析、事故差错有报告、调整账表有依据）；"三对"（账册、卡片、实物对口）。
> 4) 现场材料管理的任务：全面规划、按计划进场、严格验收、合理存放、妥善保管、控制领发、监督使用、准确核算。

巩固练习

1. 【判断题】一般工程，建筑材料费占到工程成本的60%~70%，对建筑工程材料的合理管理对项目工程成本控制有举足轻重的作用。 （   ）
2. 【判断题】验收入库是把好材料质量的第一关，是划分材料采购环节与材料保管环节责任的分界线。 （   ）
3. 【判断题】钢材进场时，必须进行资料验收、数量验收、外观检查。 （   ）
4. 【判断题】水泥可露天存放，要做到防雨、防潮；钢筋必须入库入棚保管。（   ）
5. 【单选题】下列物资供销中可签订长期供货合同，直达供应的有（   ）。
   A. 专用物资   B. 精度要求高的物资
   C. 用户分散的物资   D. 对一些批量较大的物资
6. 【单选题】材料计划的编制依据不包括（   ）。
   A. 工程施工图纸   B. 工程合同
   C. 合格供应商名册   D. 工程预算文件
7. 【单选题】材料管理是通过材料采购、运输、储备和（   ）四个环节来实现，以满足使用的需要。
   A. 核算   B. 供应
   C. 使用   D. 检验
8. 【单选题】材料保养就是采用一定的措施或手段，改善所保管材料的性能或使受损坏的材料恢复其原有性能，常用的保养方法有（   ）。
   A. 晾晒   B. 覆盖
   C. 保湿   D. 干燥

9. 【单选题】钢材收料后要及时填写收料单,做好台账登记。发料时应在领料单备注栏内注明( )和使用部位。
   A. 炉(批)号   B. 钢筋材质
   C. 钢筋等级   D. 复试单号

10. 【多选题】企业的材料管理体制要适应社会的材料供应方式有( )。
    A. 要考虑和适应指令性计划的材料分配方式和供销方式
    B. 要适应地方生产货源供货情况
    C. 要结合社会资源形势
    D. 统一计划、统一订购、统一指挥的供应方式
    E. 要适应流通领域的供应方式

11. 【多选题】材料供应管理中应遵守的原则有( )。
    A. 直达供应和中转供应原则   B. 有利于生产、方便施工的原则
    C. 便于核算,综合平衡的原则   D. 考虑生产的周期性原则
    E. 合理组织资源,提高配套供应能力的原则

12. 【多选题】下列关于材料的保管说法正确的是( )。
    A. 材料保管主要从材料保管场所、材料码放、材料保养方面着手
    B. 汽油、柴油、油漆必须是低温保管
    C. 板状材料适宜水平码放,便于清点和发放
    D. 大型型材、钢筋、木材存放在料场
    E. 固体材料燃烧应采用高压水灭火

13. 【多选题】材料核算的工作性质划分为( )。
    A. 供应过程核算   B. 业务核算
    C. 会计核算   D. 材料消耗核算
    E. 统计核算

【答案】1.√;2.√;3.×;4.×;5.D;6.C;7.B;8.D;9.A;10.ABC;11.BE;12.DE;13.BCE

第二节 建筑机械设备管理的基本知识

考点59:建筑机械设备管理★●

> **教材点睛** 教材P222~P228
>
> **1. 施工机具的分类及装备原则**
> (1)施工机具分类:
> 1)按机具的价值和使用期限分为:固定资产机具、低值易耗机具、消耗性机具。
> 2)按使用范围分为:专用机具、通用机具。
> 3)按使用方式和保管范围分为:个人随手机具、班组共用机具。

教材点睛 教材 P222~P231(续)

4)根据不同分部工程的用途分为建筑起重机械、土石方机械、运输机械、桩工机械、混凝土机械、钢筋加工机械、木工机械、地下施工机械、焊接机械及其他中小型机械。

(2)施工机械选用的一般原则：技术先进性、工程适应性、经济性、通用性或专用性。

(3)机械设备管理基本规定及制度

1)机械设备管理基本规定

①必须严格按照厂家说明书规定的要求和操作规程使用机械。

②特种作业人员（起重机械、起吊机械、挂钩作业人员、电梯驾驶等）必须按国家和省、市安全生产监察局的要求参加培训和考试，取得省、市安全生产监察局颁发的"特种作业人员安全操作证"后，方可上岗操作，并按国家规定的要求和期限进行复核。

③机械使用必须贯彻"管用结合""人机固定"的原则，实行定人、定机、定岗位的岗位责任制。

④起重机械必须严格执行"十不吊"的规定，遇六级（含六级）以上的大风或大雨、大雪、打雷等恶劣天气，应停止使用。

⑤机械设备转运过程中，一定要进行中修、保养，更换已坏损的部件，紧固螺钉，加润滑油，脱漆严重的要更新油漆。

2)常规机械设备管理制度：机械设备走合期制度、机械设备交接班制度、机械设备使用"三定"制度、机械设备安全管理制度。

2. 施工机具管理的主要内容

(1)施工机具管理的目的：选用技术上先进、经济上合理的装备，采取有效措施，保证设备高效率、长周期、安全、经济地运行，保证企业获得最好的经济效益。

(2)机具管理的主要任务

1)及时、齐备地向施工班组提供优良、适用的机具，保证施工生产，提高劳动效率。

2)采取有效的管理办法，加速机具的周转，延长使用寿命，最大限度地发挥机具效能。

3)做好机具的收发、保管和维护、维修工作。

3. 施工机具管理主要包括储存管理、发放管理和使用管理等。

4. 设备（机具）管理的方法主要有租赁管理、定包管理、津贴管理、临时借用管理等方法。

5. 劳动保护用品的管理

(1)劳动保护用：指施工生产过程中为保护职工安全和健康的必须用品。其中包括，措施性用品：如安全网、安全带、安全帽、防毒口罩、绝缘手套、电焊面罩等；个人劳动保护用品：如工作服、雨衣、雨靴、手套等。

(2)劳动保护用品的发放管理：建立劳保用品领用手册，设置劳保用品临时领用牌；对损毁的措施用品应填报损报废单，注明损毁原因，连同残余物交回仓库。

(3)劳动保护用品的发放管理形式：采取全额摊销、分次摊销或一次列销等形式。

> 巩固练习

1. 【判断题】固定资产机具是指使用年限1年以上,单价在规定限额(一般为5000元)以上的工具。（   ）
2. 【判断题】挖掘机械包括：单斗挖掘机、多斗挖掘机、特殊用途挖掘机、挖掘装载机、掘进机等。（   ）
3. 【判断题】一般机械的走合工作,由供方派修理工配合主管司机进行,特种和大型机械,由公司业务主管部门组织实施。（   ）
4. 【判断题】机具定包管理是"生产机具定额管理、包干使用"的简称。（   ）
5. 【判断题】劳动保护用品的发放管理上采用的一次列销主要是指措施性用品：如安全帽、安全带等个人劳动保护用品。（   ）
6. 【单选题】施工机具按使用范围分类可以分为(   )。
   A. 专用机具和通用机具   B. 消耗性机具和固定资产机具
   C. 个人随手机具和班组共用机具 D. 电动机具和手动机具
7. 【单选题】下列属于钢筋强化机械的是(   )。
   A. 钢筋冷拉机   B. 钢筋除锈机
   C. 钢筋调直切断机   D. 钢筋弯曲机
8. 【单选题】下列不属于机械设备交接班内容的是(   )。
   A. 本班完成任务情况   B. 生产要求及其他注意事项
   C. 本班保养情况   D. 燃油、润滑油的价格情况
9. 【单选题】机械设备事故的分类中,重大事故是指机械设备直接经济损失为(   )以上,或因损坏造成的停工(   )以上。
   A. 20001元,14天   B. 50001元,31天
   C. 100001元,45天   D. 200001元,14日历天
10. 【单选题】机械设备的大修是指(   )。
    A. 大型设备在使用完毕后,更换已磨损的零部件,对有问题的总成部件进行解体检查
    B. 整理设备电气控制部分,更换已损的线路
    C. 以状态检查为基础,对设备磨损接近修理极限前的总成,有计划地进行恢复性的修理
    D. 大多数的总成部分即将到达极限磨损的程度,必须送生产厂家修理或委托有资格修理的单位进行修理
11. 【单选题】测定各工种的日机具费用定额时,月工作日按(   )计算。
    A. 20.5天   B. 22天
    C. 30天   D. 30.5天
12. 【单选题】以下关于按月或季结算班组定包机具费收支额的说法正确的是(   )。
    A. 定包机具费收支额中月度租赁费用已扣减
    B. 定包机具费收支额中班组机具费结余已扣减
    C. 租赁费若班组用现金支付的,该费用在定包机具费收支额中应予以扣减

D. 其他支出中不包括丢失损失费

13.【多选题】关于机械设备使用"三定"制度说法错误的有(　　)。

A. 凡需持证操作的设备必须执行定人、定机、定岗位

B. 大型多半多人作业的机械，由机长主管，其余为操作保管人

C. 一般机长由使用单位提出人选，报公司审批后正式任命

D. 机长调动需经工作批准

E. 中小型机械采用一机多人，挂牌以示管理范围

【答案】1.×；2.√；3.×；4.√；5.×；6.A；7.A；8.D；9.B；10.D；11.A；12.A；13.CDE

第九章 抽样统计分析的基本知识

第一节 数理统计的基本概念、抽样调查的方法

考点60：数理统计的基本概念、抽样调查的方法★●

> **教材点睛** 教材 P232~P235
>
> **1. 全数检查和抽样检查**
> （1）全数检查（100%检查）：对全部产品逐个进行检查，检查对象是单个产品。
> （2）抽样检查：检查对象是静止的"批"或是动态的"过程"，再根据所得到的质量数据和预先规定的判定规则来判定该"检查批"是否合格。
> **2. 抽样检查的基本概念**
> （1）总体、单位产品、检查批和样本
> 1）总体：所研究对象的全体；个体：是组成总体的基本元素。
> 2）单位产品：为实施抽样检查的需要而划分的基本单位。
> 3）检查批：为实施抽样检查汇集起来的单位产品，它是抽样检查和判定的对象。
> 4）样本：从总体（或者检查批）中随机抽取出来的个体。
> （2）单位产品的质量及特性
> 1）单位产品的质量是以其质量性质特性表示的。质量特性分为计量值和计数值两类，计数值又可分为计点值和计件值。
> 2）在产品的技术标准或技术合同中，通常都要规定质量特性的判定标准。
> 3）"不合格"是对质量特性的判定；"不合格品"是对单位产品的判定。
> （3）样本统计量、抽样分布、抽样检验
> 1）样本统计量（抽样指标）：由抽样总体各单位标志值计算出来反映样本特征，用来估计总体的综合指标，是一个随机变量。
> 2）抽样分布：是从一个总体中抽取样本容量相同的所有可能样本之后，计算样本统计量的值及取该值的相应概率，组成样本统计量的概率分布。
> 3）抽样检验：按照随机抽样的原则，从总体中抽取部分个体组成样本，根据对样品进行检测的结果，推断总体质量水平的方法。
> **3. 常用的数据特征值：**有算术平均数、中位数、极差、标准偏差、变异系数等。

巩固练习

1.【判断题】与全数检查相比，抽样检查的错判往往不可避免，因此供方和需方都要承担风险，因此应选择全数检查。（　　）

2. 【判断题】"不合格"是对单位产品的判定。 （　　）
3. 【判断题】样本统计量是样本的函数，是一个随机变量。 （　　）
4. 【判断题】当样本数为偶数时，取居中两个数的平均值作为中位数。 （　　）
5. 【判断题】标准差小，说明分布集中程度低，离散程度小。 （　　）
6. 【单选题】组成总体的基本元素称为(　　)。
   A. 样本　　　　　　　　　　　　B. 个体
   C. 单位产品　　　　　　　　　　D. 子样
7. 【单选题】下列(　　)不是常用的数据特征值。
   A. 算术平均值　　　　　　　　　B. 中位数
   C. 样品　　　　　　　　　　　　D. 变异系数
8. 【单选题】能够显示出所有个体共性和数据一般水平的统计指标是(　　)。
   A. 算术平均值　　　　　　　　　B. 中位数
   C. 标准偏差　　　　　　　　　　D. 变异系数
9. 【单选题】能够用数据变动的幅度来反映其分散状况的特征值是(　　)。
   A. 算术平均值　　　　　　　　　B. 极差
   C. 标准偏差　　　　　　　　　　D. 变异系数
10. 【单选题】适用于均值有较大差异的总体之间离散程度的比较的特征值是(　　)。
    A. 算术平均值　　　　　　　　　B. 极差
    C. 标准偏差　　　　　　　　　　D. 变异系数
11. 【多选题】下列(　　)可以作为常用的数据特征值。
    A. 中位数　　　　　　　　　　　B. 算术平均值
    C. 变异系数　　　　　　　　　　D. 总体样本
    E. 极差

【答案】1. ×；2. ×；3. √；4. √；5. ×；6. B；7. C；8. A；9. B；10. D；11. ABCE

第二节　材料数据抽样和统计分析方法

考点 61：材料数据抽样和统计分析方法★●

> **教材点睛**　教材 P235~P247
>
> **1. 材料数据抽样的基本方法**
> （1）简单随机抽样：广泛用于原材料、构配件的进场检验和分项工程、分部工程、单位工程完工后的检验。
> （2）分层随机抽样：比单纯随机抽样所得到的结果准确性更高，组织管理更方便，而且它能保证总体中每一层都有个体被抽到。分层抽样技术常被采用。
> （3）系统随机抽样：优点是抽样方法简便、易得到一个按比例分配的样本，抽样误差较小，缺点是当观察单位按顺序有周期趋势或单调性趋势时，产生明显偏性。

> **教材点睛** 教材 P235~P247(续)
>
> （4）整群抽样：将总体按自然存在的状态分为若干群，并从中抽取样品群组成样本，然后在中选群内进行全数检验的方法。
>
> （5）多阶段抽样：是将各种单阶段抽样方法结合使用，通过多次随机抽样来实现的抽样方法。
>
> **2. 数据统计分析的基本方法**
>
> （1）利用数理统计方法控制质量的三个步骤：统计调查和整理、统计分析及统计判断。
>
> （2）常用的统计分析方法：统计调查表法、分层法、直方图法、控制图法、相关图、因果分析图法、排列图法。

巩固练习

1.【判断题】简单随机抽样是抽样中最基本也是最简单的组织形式。（　　）

2.【判断题】相关图是用来显示质量特性和影响因素之间关系的一种图形。（　　）

3.【判断题】排列图法中包含若干个矩形和一条曲线，左边的纵坐标表示累计频率，右边的纵坐标表示频数。（　　）

4.【单选题】当样品总体很大时，可以采用整群抽样和分层抽样相结合，这种方法又称为（　　）。

A. 整群抽样　　　　　　　　B. 分层抽样
C. 系统抽样　　　　　　　　D. 多阶段抽样

5.【单选题】直方图法将收集到的质量数进行分组整理，绘制成频数分布直方图，又称为（　　）。

A. 分层法　　　　　　　　　B. 质量分布图法
C. 频数分布图法　　　　　　D. 排列图法

6.【单选题】由于分组组数不当或者组距确定不当，会出现的直方图为（　　）。

A. 折齿型　　　　　　　　　B. 左缓坡型
C. 孤岛型　　　　　　　　　D. 双峰型

7.【单选题】考虑经济的原则，用来确定控制界限的方法为（　　）。

A. 二倍标准差法　　　　　　B. 三倍标准差法
C. 四倍标准差法　　　　　　D. 1.5倍标准差法

8.【单选题】在数理统计分析法中，用来显示在质量控制中两种质量数据之间关系的方法是（　　）。

A. 统计调查表法　　　　　　B. 直方图法
C. 控制图法　　　　　　　　D. 相关图法

9.【单选题】下列（　　）可以判断生产过程处于稳定状态。

A. 连续25点以上处于控制界限内，点子排列出现"链"
B. 连续35点中有2点超出控制界限，点子无缺陷

C. 连续100点中2点超出控制界限，点子没有出现异常

D. 连续25点以上处于控制界限内，点子连续出现中心线一侧的现象

10.【单选题】排列图法按累计频率分为三个区，其中表示此因素为一般要素的是(　　)。

A. 累计频率在70%　　　　　　B. 累计频率在75%

C. 累计频率在85%　　　　　　D. 累计频率在95%

11.【多选题】数理统计方法常用的统计分析方法有(　　)。

A. 统计调查表法　　　　　　B. 分层法

C. 数值分析法　　　　　　　D. 直方图法

E. 控制图法

【答案】1.√；2.×；3.×；4.D；5.B；6.A；7.B；8.D；9.C；10.C；11.ABDE

下篇

岗位知识与专业技能

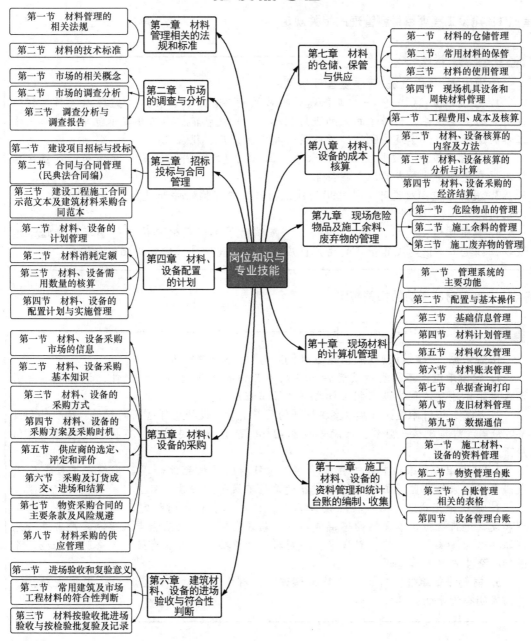

知识点导图

第一章 材料管理相关法规和标准

第一节 材料管理的相关法规

考点1：建设工程项目材料管理的相关规定

> **教材点睛** 教材[①] P1
>
> **法规依据：**《建筑法》《质量管理条例》
> 1. **建设单位：**（1）依法对工程建设项目的勘察、设计、施工、监理以及与工程建设有关的重要设备、材料等的采购进行招标。（2）发包单位不得指定承包单位购入用于工程的建筑材料、建筑构配件和设备或者指定生产厂、供应商。
> 2. **监理单位：**与被监理工程的承包单位以及建筑材料、建筑构配件和设备供应单位不得有隶属关系或者其他利害关系。
> 3. **设计单位：**对设计文件选用的建筑材料、建筑构配件和设备，不得指定生产厂、供应商。
> 4. **其他单位：**供水、供电、供气、公安消防等部门或者单位不得明示或者暗示建设单位、施工单位购买其指定的生产供应单位的建筑材料、建筑构配件和设备。

考点2：确保材料质量的相关规定

> **教材点睛** 教材 P1~P4
>
> **法规依据：**《建筑法》《质量管理条例》《产品质量法》等
> 1. **建设单位：**不得明示或者暗示使用不合格的建筑材料、构配件、设备，不得明示或者暗示违反工程建设强制性标准，降低工程质量。
> 2. **勘察、设计单位：**对其勘察、设计的质量负责。设计文件选用的材料、构配件和设备，应当注明其规格、型号、性能等技术指标。除有特殊要求的，不得指定生产厂、供应商。
> 3. **监理单位：**未经监理工程师签字，建筑材料、构配件和设备不得在工程上使用或者安装，未经总监理工程师签字，建设单位不拨付工程款，不进行竣工验收。
> 4. **建筑施工企业：**必须按照设计要求、技术标准和合同约定，对建筑材料、构配件和设备进行检验，不合格的不得使用。检验应当有书面记录和专人签字。应当进行见证取样送检。采用新工艺、新技术、新材料、新设备时，采取有效的安全防护措施，并进行安全生产教育和培训。
> 5. **材料设备单位：**有产品检验合格证明；有中文名称、厂名厂址；不得生产、销售国家明令淘汰的产品。

[①] 本书下篇涉及的教材，指《材料员岗位知识与专业技能（第三版）》，请读者结合学习。

第二节 材料的技术标准

考点 3：产品标准

> **教材点睛** 教材 P4
>
> 1. 包括：品种、规格、技术性能、试验方法、检验规则、包装、储藏、运输等内容。
> 2. 分为国家标准、行业标准、地方标准和企业标准。国家标准，各有关行业都必须执行，行业标准在特定行业内执行。

巩固练习

1. 【判断题】建筑材料、建筑构配件和设备检验不合格的不得使用。（　　）
2. 【判断题】工程监理单位与建筑材料供应单位有隶属关系或者其他利害关系的，只能承担该项建设工程的部分监理业务。（　　）
3. 【单选题】发包单位（　　）指定承包单位购入用于工程的建筑材料、建筑构配件和设备或者指定生产厂、供应商。
   A. 可以 　　　　　　　　　　　　B. 不得
   C. 与施工方洽商后可以 　　　　　D. 与承包方洽商后可以
4. 【单选题】（　　）必须按照工程设计要求、施工技术标准和合同的约定，对建筑材料、建筑构配件和设备进行检验，不合格的不得使用。
   A. 建筑施工企业 　　　　　　　　B. 建设单位
   C. 监理工程师 　　　　　　　　　D. 设计单位
5. 【单选题】下列（　　）不属于国家标准代号的组成部分。
   A. 标准名称 　　　　　　　　　　B. 标准发布机构的组织代号
   C. 标准颁布时间 　　　　　　　　D. 标准组织代号
6. 【单选题】某工程按合同约定其外幕墙用单反玻璃由承包单位采购，为保证达到设计单位要求的质量标准，发包单位（　　）采购品牌生产厂的产品。
   A. 可以指定 　　　　　　　　　　B. 不得指定
   C. 经协商可以指定 　　　　　　　D. 可自行指定
7. 【单选题】工程设计单位（　　）产品的生产厂家或供应商。
   A. 可以指定 　　　　　　　　　　B. 可以建议
   C. 已经协商可以指定 　　　　　　D. 仅建设单位同意才可确定
8. 【单选题】（　　）应当依法对建设项目的重要设备、材料的采购进行招标。
   A. 建设单位 　　　　　　　　　　B. 设计单位
   C. 施工单位 　　　　　　　　　　D. 监理单位
9. 【单选题】国家工程建设标准强制性条文由国务院建设行政主管部门会同（　　）

确定。

  A. 国务院有关行政主管部门   B. 地方行政主管部门

  C. 建设行业   D. 建设行业协会

10.【多选题】在国内从事（　　）等工程建设活动，必须执行工程建设强制性标准。

  A. 新建   B. 扩建

  C. 改建   D. 复建

  E. 拆除

11.【多选题】强制性标准监督检查的内容包括（　　）。

  A. 有关工程技术人员是否熟悉、掌握强制性标准

  B. 工程项目的规划、勘察、设计等是否符合强制性标准

  C. 工程项目的安全、质量是否符合强制性标准的规定

  D. 工程采用的材料、设备是否符合强制性标准的规定

  E. 工程中采用的国际标准和国外标准

12.【多选题】国家标准代号组成包括（　　）。

  A. 标准名称   B. 标准发布机构的组织代号

  C. 标准发布机构的颁布时间   D. 标准组织代号

  E. 标准发布机构颁布的标准号

13.【多选题】根据产品质量法，产品或者其包装上的标识必须真实，并符合（　　）要求。

  A. 有产品质量检验合格证明

  B. 有中文标明的产品名称、生产厂厂名和厂址

  C. 标明生产厂的互联网网址

  D. 标明生产日期

  E. 生产者可出售国家明令淘汰前生产的产品

【答案】1. √；2. ×；3. B；4. A；5. D；6. A；7. C；8. C；9. A；10. ABC；11. ABCD；12. ABCE；13. AB

第二章 市场的调查与分析

第一节 市场的相关概念

考点 4：建筑市场的特点与构成 ★●

> **教材点睛** 教材 P7～P9
>
> 1. **建筑市场的特点**：(1) 交易分阶段；(2) 价格在招标投标中形成；(3) 受经济政策影响大。
> 2. **建筑市场的构成**：包括主体、客体及建设工程交易中心。
> (1) 主体：业主、承包商、中介服务组织。
> (2) 客体：即建筑产品。
> (3) 建设工程交易中心：经政府主管部门批准，为建设项目的报建、招标信息发布、合同签订、施工许可证的申领、招标投标、合同签订等活动服务的场所。
> 3. **建筑市场的资质管理**：从业单位的资质管理包括勘察设计单位资质、施工企业（承包商）的资质、咨询、监理单位资质管理；专业人员资质管理包括监理工程师、建筑师、结构工程师、造价工程师以及建造师的资质管理。

第二节 市场的调查分析

考点 5：采购市场调查

> **教材点睛** 教材 P10～P12
>
> 1. **市场调查的组织过程**：明确调查的目的与主题、确定调查对象和调查单位、确定市场调查项目、选定市场调查方法、明确市场调查进度、估算市场调查费用、撰写调查项目建议书。
> 2. **调查的目的与主题**：为编制和修订采购计划、供应商之间的关系和市场竞争状况、企业潜在市场和潜在供应商开发、规划企业采购与供应战略。
> 3. **市场调查方法**：文案调查法、实地调查法、问卷调查法、实验调查法。

考点6：采购市场分析★●

> **教材点睛** 教材P12~P13
>
> 1. **程序**：确定市场分析目标、搜集资料、分析资料。
> 2. **搜集资料的种类**：市场现象的发展过程资料、影响市场现象发展的各因素资料。
> 3. **分析工作的内容**：市场因素同采购需求的关系、产供销关系、市场采购心理和倾向的趋势。
> 4. **采购市场调查分析机制**：建立物资来源记录、建立物资价格目录、对市场情况进行分析研究，作出预测。

巩固练习

1. 【判断题】建设工程交易中心是经政府主管部门批准，为建设工程交易提供服务的无形建筑市场。（   ）

2. 【判断题】业主只有在其从事工程项目的建设全过程中才成为建筑市场的主体，但承包商在其整个经营期间都是建筑市场的主体。（   ）

3. 【判断题】建筑市场的主体是指业主。（   ）

4. 【判断题】良好的市场分析机制包括以下两个方面，建立重要的物资来源的价格目录，对市场情况进行分析研究作出预测。（   ）

5. 【判断题】市场分析中搜集资料的过程就是调查过程。按照分析预测目的，主要搜集的资料是市场现象的发展过程资料。（   ）

6. 【单选题】建筑市场的构成主要包括主体、客体和（   ）。
   A. 承包商　　　　　　　　　B. 咨询服务机构
   C. 中介服务组织　　　　　　D. 建设工程交易中心

7. 【单选题】具有相应的专业服务能力，对工程建设进行估算测量、咨询代理、建设等高智能服务，并取得服务费用的机构被称为（   ）。
   A. 业主　　　　　　　　　　B. 承包商
   C. 中介服务组织　　　　　　D. 建设工程交易中心

8. 【单选题】（   ）是经过政府主管部门批准，为建设工程交易提供服务的有形建筑市场。
   A. 国内建筑市场　　　　　　B. 建筑工程交易机构
   C. 中介服务组织　　　　　　D. 建设工程交易中心

9. 【单选题】材料、设备采购市场调查的核心是（   ）。
   A. 改进保管，降低消耗
   B. 市场供应状况的调查分析
   C. 监督材料节约使用
   D. 增加储备量

10. 【单选题】下列（   ）不能体现建筑市场的特点。

A. 建筑产品交易分三次进行

B. 建筑产品价格是在招标投标竞争中形成的

C. 建筑产品质量受技术水平的制约

D. 建筑市场受经济形势与经济政策影响大

11.【单选题】我国市政工程建设施工企业（承包商）的资质等级可分（　　）级。

A. 三　　　　　　　　　　　　B. 四

C. 五　　　　　　　　　　　　D. 六

12.【单选题】下列选项中不属于以采购为核心的企业市场调查目的与主题的是（　　）。

A. 采购计划的需求确定　　　　B. 市场竞争状况

C. 规划企业采购与供应战略　　D. 确定仓储规模

13.【单选题】下列选项中不属于良好的市场分析机制应该包括的是（　　）。

A. 建立重要的物资来源的记录

B. 建立同一类物资的价格目录

C. 建立可靠的市场信息记录

D. 对市场情况进行分析研究

14.【单选题】市场调查的方法大致分为文案调查、实地调查、问卷调查、（　　）等。

A. 电话调查　　　　　　　　　B. 业务咨询

C. 询问专家　　　　　　　　　D. 实验调查

15.【多选题】一般说，市场是由市场主体、市场客体和（　　）构成的。

A. 市场规则　　　　　　　　　B. 市场价格

C. 市场机制　　　　　　　　　D. 市场交易

E. 市场效益

16.【多选题】根据市场交易场所的实体性，市场可分为（　　）。

A. 有形市场　　　　　　　　　B. 无形市场

C. 现货市场　　　　　　　　　D. 期货市场

E. 建筑市场

17.【多选题】建筑市场的构成主要包括（　　）。

A. 主体　　　　　　　　　　　B. 客体

C. 建设工程交易中心　　　　　D. 政府部门

E. 社会职能部门

18.【多选题】下列属于建筑产品中有形的产品的是（　　）。

A. 建筑工程　　　　　　　　　B. 建筑材料和设备

C. 建筑机械　　　　　　　　　D. 监理

E. 建筑劳务

19.【多选题】施工企业市场调查目的与主题主要有（　　）。

A. 采购计划的需求确定　　　　B. 市场竞争状况

C. 潜在供应商开发　　　　　　D. 确定仓储规模

E. 提高自身竞争力

20. 【多选题】市场的调查分析根据调查主、客体的不同可分为(　　)。
   A. 营销市场的调查分析　　　　　　B. 采购市场的调查分析
   C. 生产厂家和供应商的调查分析　　D. 需求市场调查分析
   E. 消费者的调查分析

21. 【多选题】良好的市场分析机制应该包括(　　)。
   A. 建立重要的物资来源的记录　　　B. 建立同一类物资的价格目录
   C. 建立可靠的市场信息记录　　　　D. 建立良好的竞争价格目录
   E. 对市场情况进行分析研究

【答案】1. ×；2. √；3. ×；4. ×；5. ×；6. D；7. C；8. D；9. B；10. C；11. A；12. D；13. C；14. D；15. ABC；16. AB；17. ABC；18. ABCE；19. ABC；20. AB；21. ABE

第三节　调查分析与调查报告

考点 7：调查分析与调查报告

> **教材点睛**　教材 P14～P18
>
> **1. 定性分析操作步骤：** 审读资料数据、知识准备、制定分析方案、分析资料。
> **2. 定性分析的方法：** 对比分析、推理分析、归纳分析。归纳分析法分为完全归纳、简单枚举和科学归纳。
> **3. 定量描述分析：** 通常用最大频数或最大频率对应的类别选项来衡量。集中趋势的统计量包括众数、中位数和平均数，离散趋势包括异众比、全距、四分位数、方差和标准差。
> **4. 综合数据分析：** 包括确定总量指标、平均指标、相对指标、强度指标等。
> **5. 调查报告：** 包括标题、前言、主体、结尾四个部分。主体部分主要包括情况部分、结论或预测部分、建议和决策部分。

巩固练习

1. 【判断题】调查报告是调查活动的结果，是对调查活动工作的介绍和总结。(　　)
2. 【判断题】综合数据分析说明观测总体的规模、水平、速度、效益、比例关系等综合数量特征。(　　)
3. 【单选题】定性分析的方法不包括(　　)。
   A. 最大频数　　　　　　　　　　　B. 推理分析
   C. 对比分析　　　　　　　　　　　D. 归纳分析
4. 【单选题】定量描述分析通常用最大频数或最大频率对应的(　　)选项来衡量。
   A. 众数　　　　　　　　　　　　　B. 类别
   C. 平均数　　　　　　　　　　　　D. 中位数

5. 【单选题】定性分析的一般操作步骤不包括( )。
A. 知识准备 B. 审读资料数据
C. 制定分析方案 D. 计算平均值

6. 【单选题】离散趋势是指一组数据间的离散程度，最常用的统计量是( )。
A. 最大值 B. 最小值
C. 标准差 D. 平均值

7. 【多选题】调查分析采用综合数据分析时，主要指标包括( )。
A. 总量指标 B. 平均指标
C. 相对指标 D. 强度指标
E. 离散度指标

【答案】1.√；2.√；3.A；4.B；5.D；6.C；7.ABCD

第三章 招标投标与合同管理

第一节 建设项目招标与投标

考点 8：建设项目招标分类 ★●

> **教材点睛** 教材 P19～P21
>
> **1. 按建设项目建设程序分类**：建设项目开发招标、勘察设计招标和工程施工招标。
> **2. 按工程承包的范围分类**：项目总承包招标、专项工程承包招标。
> **3. 按行业类别分类**：工程招标、勘察设计招标、材料设备采购招标、安装工程招标、生产工艺技术转让招标、咨询服务（工程咨询）招标等。

考点 9：建设项目招标的方式和程序 ★●

> **教材点睛** 教材 P21～P24
>
> **1. 四种招标方式**：（1）公开招标；（2）邀请招标；（3）询价采购；（4）直接订购。掌握各方式的特点及适用情形。
> **2. 招标的程序**：
> （1）建立招标组织：管理机构审查批准。
> （2）提出申请并登记：领取有关招标投标用表。
> （3）编制招标文件：内容有项目概况与说明、图纸和技术说明、工程量清单、投标须知、合同主要条款等。
> （4）编制标底：如果是其他单位编制，在招标前还要对其进行审核。
> （5）发布公告或邀请函。
> （6）资格预审：主要内容有法人地位、信誉、财务状况、技术资格、项目实施经验等。
> （7）发售招标文件。
> （8）现场勘察及交底：介绍项目情况、交底，解答投标单位的问题。
> （9）接受标书：有投标单位印鉴、法人代表或委托代理人的印鉴，密封、投标截止日期前送到指定地点。
> （10）开标评标定标：注意开标时间、地点应的要求。投标人少于 3 个的，招标人应当依法重新招标。
> （11）发中标通知：注意中标结果无效的情形。
> （12）签订合同、备案：注意合同签订时间和备案的时间要求。

> 巩固练习

1. 【判断题】建设项目按工程承包的范围可以分为项目总承包招标和专项工程承包招标。（ ）
2. 【判断题】建设项目招标主要有公开招标、邀请招标、询价采购和直接订购四种方式。（ ）
3. 【判断题】公开招标有助于开展竞争，打破垄断，但是招标费用的支出也较大。（ ）
4. 【判断题】邀请招标的优点是工作量小，组织工作较容易。（ ）
5. 【判断题】标底是建设项目的预期价格，通常由投标单位制定。（ ）
6. 【单选题】下列选项中，不属于按建设项目建设程序分类的招标方式是（ ）。
   A. 项目开发招标　　　　　　　　B. 项目总承包招标
   C. 勘察设计招标　　　　　　　　D. 工程施工招标
7. 【单选题】申请投标单位按规定接受招标单位的资格预审查，一般选定参加投标的单位为（ ）个。
   A. 2～4　　　　　　　　　　　　B. 3～5
   C. 4～6　　　　　　　　　　　　D. 4～10
8. 【单选题】邀请招标时，业主应向（ ）个以上承包商发出招标邀请书。
   A. 2　　　　　　　　　　　　　　B. 3
   C. 4　　　　　　　　　　　　　　D. 5
9. 【单选题】邀请招标时，业主选择投标单位的条件不包括（ ）。
   A. 有过合作项目　　　　　　　　B. 企业信誉较好
   C. 有足够的管理组织能力　　　　D. 财务状况良好
10. 【单选题】以下关于邀请招标的方式，叙述正确的是（ ）。
    A. 不发布广告
    B. 应发布广告
    C. 向 2 个以上（含 2 个）承包商发出邀请书
    D. 向有承担该工程能力的发出邀请书
11. 【单选题】公开招标又称为（ ）。
    A. 有限竞争招标　　　　　　　　B. 无限竞争招标
    C. 自由竞争招标　　　　　　　　D. 无限制招标
12. 【单选题】适用于投资额度大，工艺、结构复杂的较大型建设项目的招标方式为（ ）。
    A. 公开招标　　　　　　　　　　B. 邀请招标
    C. 询价采购　　　　　　　　　　D. 都行
13. 【单选题】招标文件应包括的内容不包括（ ）。
    A. 建设项目概况　　　　　　　　B. 设计图纸
    C. 工程量清单　　　　　　　　　D. 材料明细表
14. 【单选题】下列选项中不属于资格评审的主要内容的是（ ）。

A. 法人地位 B. 资质
C. 信誉 D. 财务状况

15.【单选题】以下关于"标底"的相关阐述正确的是（　　）。
A. 编制标底是建设项目投标前的一项重要准备工作
B. 标底等同于合同价
C. 标底通常由建设单位自己制定
D. 标底是建设项目的预期价格

16.【多选题】根据不同的分类方式，建设项目招标具有不同的类型。其中，按建设项目建设程序可以分为（　　）。
A. 项目开发招标 B. 项目总承包招标
C. 勘察设计招标 D. 工程施工招标
E. 专项工程承包招标

17.【多选题】建设项目按工程承包的范围可以分为（　　）。
A. 项目总承包招标 B. 工程施工招标
C. 专项工程承包招标 D. 分项工程承包招标
E. 单项工程承包招标

18.【多选题】建设项目按行业类别可以分为（　　）。
A. 工程招标 B. 勘察设计招标
C. 安装工程招标 D. 咨询服务招标
E. 工程施工招标

19.【多选题】建设项目招标的方式主要有（　　）。
A. 公开招标 B. 邀请招标
C. 询价采购 D. 半公开招标
E. 非竞争性招标

20.【多选题】邀请招标时，业主选择投标单位的条件有（　　）。
A. 工程经验丰富 B. 企业信誉较好
C. 有足够的管理组织能力 D. 财务状况良好
E. 有过合作项目

21.【多选题】招标文件应包括的内容有（　　）。
A. 建设项目概况 B. 设计图纸
C. 工程量清单 D. 材料明细表
E. 投标须知

22.【多选题】资格评审的主要内容包括（　　）。
A. 法人地位 B. 信誉
C. 财务状况 D. 技术资格
E. 资质

23.【多选题】按工程承包范围分类，建设项目招标可分为（　　）。
A. 新建项目招标 B. 项目总承包招标
C. 专项工程承包招标 D. 扩建项目招标
E. 大型项目招标

【答案】1. √；2. √；3. √；4. √；5. ×；6. B；7. D；8. B；9. A；10. A；11. B；12. A；13. D；14. B；15. D；16. ACD；17. AC；18. ABCD；19. ABC；20. ABCD；21. ABCE；22. ABCD；23. BC

考点 10：政府采购的方式和程序

> **教材点睛** 教材 P24~P29
>
> **1. 政府采购方式**：公开招标、邀请招标、竞争性招标、单一来源采购、询价和监督部门认定的其他方式。
> 掌握各方式的特点及适用情形。
> **2. 政府采购程序：**
> （1）论证分析确定方案：应当从政府采购评审专家库中随机抽取评审专家。
> （2）编制招标文件：招标公告（或邀请函）、招标项目要求、投标人须知、合同格式、投标文件格式等。
> （3）组建评标委员会：采购人代表、技术经济法律方面的专家，总人数5人以上单数，专家不得少于2/3。
> （4）招标：包括发布招标公告、资格审查、发售招标文件、招标文件的澄清修改、编制投标文件、投标文件的密封和标记、送达投标文件、开标、评标，最终的评审结论等，并向招标人推荐1~3个中标候选人。
> （5）定标：审查评标委员会的评标结论、发出中标通知、签订合同。
> **3. 政府采购与招标投标的区别**：法律界定的范围不同、招标投标使用的资金性质不同、组织形式有区别、资金保障不同、服务结果不同。

考点 11：建设项目材料、设备及政府采购投标的工作机构及投标程序

> **教材点睛** 教材 P29~P32
>
> **建设项目投标的程序**
> （1）投标准备工作：获得建设项目信息、其他投标单位的情况、报价的参考资料、投标单位内部资料。
> （2）投标资格预审资料：施工企业资质、资信和重要的宣传材料。
> （3）研究招标文件：项目综合说明、设计文件、合同条款、投标单位须知。
> （4）调查投标环境：经济条件、自然条件、施工现场条件。
> （5）确定投标策略。
> （6）施工组织设计或施工方案：在技术措施、工期、质量、安全以及降低成本方面作为重点。
> （7）报价：投标的关键工作。

> **教材点睛** 教材 P29～P32（续）
>
> （8）编制及投送标书：
> 1）标书内容：综合说明；标书情况汇总表；工期质量水平承诺；让利优惠条件；详细造价及主要材料用量；施工方案和选用的机械设备、劳动力配置、进度计划；保证质量、进度、安全的主要技术组织措施等。
> 2）投标书有密封签，有单位公章、法定代表人或委托代理人的印鉴，在规定时间内将投标书送达指定的地点。

巩固练习

1.【判断题】不能事先计算出价格总额的可以采用竞争性谈判方式采购。（　）
2.【判断题】采用公开招标方式的费用占政府采购项目总价值的比例过大的采用单一来源方式采购。（　）
3.【单选题】政府采购采用的方式不包括（　）。
A. 公开招标　　　　　　　　　B. 竞争性招标
C. 邀请招标　　　　　　　　　D. 多来源采购
4.【单选题】投标工作机构的决策者一般为（　）。
A. 经理或业务副经理　　　　　B. 总工
C. 项目经理　　　　　　　　　D. 董事长
5.【单选题】投标工作机构中，负责施工方案及技术措施编审的是（　）。
A. 项目经理　　　　　　　　　B. 经理或业务副经理
C. 项目负责人　　　　　　　　D. 总工程师
6.【单选题】投标工作机构的职能不包括（　）。
A. 收集和分析招标投标的信息资料
B. 从事建设项目的投标活动
C. 总结投标经验
D. 编制招标文件
7.【单选题】政府采购与招标投标的区别不包括（　）。
A. 使用的资金性质不同　　　　B. 组织形式有区别
C. 结算方式不同　　　　　　　D. 服务结果不同
8.【多选题】政府采购的原则有（　）。
A. 公开性原则　　　　　　　　B. 公平性原则
C. 公正性原则　　　　　　　　D. 守法性原则
E. 政策性原则

【答案】1.√；2.×；3. D；4. A；5. D；6. D；7. C；8. AB

考点 12：标价的计算与确定 ★●

> **教材点睛** 教材 P32
>
> **1. 标价的计算依据：**
> （1）招标文件，包括工程范围、技术质量和工期的要求等；
> （2）施工图纸和工程量清单；
> （3）现行的预算基价、单位估价表及收费标准；
> （4）材料预算价格、材差计算的有关规定；
> （5）施工组织设计或施工方案；
> （6）施工现场条件；
> （7）影响报价的市场信息及企业的内部相关因素。
> **2. 标价的费用组成：** 有直接费、间接费、利润、税金、其他费用和不可预见费等。
> **3. 标价的计算与确定：** 计算工程预算造价；分析各项技术经济指标；考虑报价技巧与策略，确定标价。

巩固练习

1.【判断题】标价是企业自定的价格，反映企业的管理水平、劳动效率和技术措施等。（　　）
2.【判断题】不可预见费是指标价中难以预料的工程费用，在标价中可不计。（　　）
3.【单选题】下列选项中，不属于投标单位计算标价主要依据的是（　　）。
 A. 招标文件　　　　　　　　　　　B. 施工图纸和工程量清单
 C. 材料预算价格　　　　　　　　　D. 项目总体价格
4.【单选题】对于"标价"解释不正确的是（　　）。
 A. 代表行业的平均水平
 B. 是企业自定的价格
 C. 反映企业的管理水平
 D. 标价由直接工程费、间接费、利润、税金等组成
5.【单选题】一般情况下，报价为工程成本的（　　）倍时，中标概率较高，企业的利润也较好。
 A. 1.15　　　　　　　　　　　　　B. 1.20
 C. 1.25　　　　　　　　　　　　　D. 1.50
6.【单选题】投标标价的费用由（　　）等组成。
 A. 材料费、间接费、利润、其他费用和不可预见费
 B. 材料费、人工费、利润、税金、不可预见费
 C. 直接工程费、间接费、利润、税金、其他费用和不可预见费
 D. 人机料费、管理费、利润、税金
7.【多选题】以下属于投标单位计算标价主要依据的有（　　）。

A. 招标文件　　　　　　　　　　B. 施工图纸和工程量清单
C. 施工组织设计　　　　　　　　D. 材料预算价格
E. 项目总体价格

【答案】1. √；2. ×；3. D；4. A；5. A；6. C；7. ABCD

第二节　合同与合同管理（民典法合同编）

考点13：《民典法》关于合同订立、效力、履行、保全的相关条款

> **教材点睛**　教材 P32~P42
>
> **1. 合同的一般规定**
> (1)《民典法》第四百六十三条~第四百六十八条【P32-P33】
> (2) 明确了合同产生的民事关系、合同定义、合同的法律效力、争议条款的含义及适用范围。
>
> **2. 合同的订立**【P33-P37】
> (1)《民典法》第四百六十九条~第五百零一条
> (2) 明确了合同订立形式，合同的内容构成，要约的规定，承诺的规定，格式条款的规定，当事人的责任及保密义务。
>
> **3. 合同的效力**【P37】
> (1)《民典法》第五百零二条~第五百零八条
> (2) 明确了合同及合同条款有效与无效情况。
>
> **4. 合同的履行**
> (1)《民典法》第五百零九条~第五百三十四条【P37-P41】
> (2) 明确了合同生效后当事人的义务与责任，合同条款不完善性的处置，电子合同的交付规定，执行政府定价或者政府指导价的规定，标的有关规定，债权、债务份额责任履行的规定，中止履行的规定，提前履行的规定，解除合同的规定。
>
> **5. 合同的保全**
> (1)《民典法》第五百三十四条~第五百四十二条【P41-P42】
> (2) 明确代位权的行使，撤销权行使的规定。

巩固练习

1.【判断题】合同采用可以随时调取查用的数据电文视为书面形式。　　（　）
2.【判断题】合同的内容由当事人约定。　　　　　　　　　　　　　　（　）
3.【判断题】依法成立的合同，自双方同意时生效。　　　　　　　　　（　）
4.【单选题】要约邀请不包括(　　)。
A. 招标文件　　　　　　　　　　B. 招标公告

C. 寄送的价目表 D. 商业广告

5. 【单选题】承诺应当以（　　）的方式作出。
A. 会议纪要 B. 报告
C. 回复 D. 通知

6. 【单选题】格式条款合同格式条款无效的情形不包括的是格式条款一方（　　）。
A. 不合理地免除或者减轻其责任 B. 加重对方责任
C. 限制对方主要权利 D. 提示对方主要权利

7. 【单选题】不属于合同中免责条款无效的是（　　）。
A. 故意造成对方财产损失
B. 造成对方人身损害
C. 履行合同应尽的义务
D. 重大过失造成对方财产损失

8. 【单选题】下列（　　）不是合同订立的基本原则。
A. 自愿原则 B. 守法原则
C. 合理原则 D. 公平原则

9. 【单选题】要约失效的情形不包括（　　）。
A. 拒绝要约的通知到达要约人
B. 要约人依法撤销要约
C. 承诺期限届满，受要约人未作出承诺
D. 受要约人对要约内容作出非实质性变更

10. 【单选题】合同生效的情形不包括（　　）。
A. 成立生效 B. 批准登记生效
C. 约定生效 D. 效力生效

11. 【单选题】合同成立后，合同的基础条件发生了当事人在订立合同时无法预见的、不属于商业风险的重大变化，继续履行合同对于当事人一方明显不公平的，受不利影响的当事人可以与对方重新协商；在合理期限内协商不成的，当事人可以请求人民法院或者仲裁机构变更或者（　　）。
A. 提前履行 B. 撤销合同
C. 解除合同 D. 中止合同

12. 【单选题】通过互联网等信息网络订立的电子合同的标的为交付商品并采用快递物流方式交付的，（　　）为交付时间。
A. 商品发出时间 B. 收货人的签收时间
C. 商品出厂时间 D. 商品到达时间

13. 【多选题】应当先履行债务的当事人，有确切证据证明对方有（　　）情形的，可以中止履行。
A. 利润率提升 B. 债务纠纷
C. 转移财产 D. 丧失商业信誉
E. 经营状况严重恶化

14. 【多选题】要约失效的情形有（　　）。

A. 拒绝要约的通知到达要约人
B. 要约人依法撤销要约
C. 承诺期限届满，受要约人未作出承诺
D. 要约人在受要约人发出承诺通知后撤销要约
E. 受要约人对要约内容作出非实质性变更

【答案】1.√；2.√；3.×；4.A；5.D；6.D；7.C；8.C；9.D；10.D；11.C；12.B；13.CDE；14.ABC

考点14：《民典法》关于合同变更和转让、终止、违约责任的相关条件★●

> **教材点睛** 教材P42~P47
>
> **1. 合同的变更和转让**
> （1）《民典法》第五百四十三条~第五百五十六条【P42-P43】
> （2）明确了合同变更，债权转让，债务转移等的法律解释及处置方法。
>
> **2. 合同的权利义务终止**
> （1）《民典法》第五百五十七条~第五百七十六条【P43-P45】
> （2）明确了债权债务终止，债务清偿，解除合同，标的物提存等的法律解释及处置方法。
>
> **3. 违约责任**
> （1）《民典法》第五百七十七条~第五百九十四条【P45-P47】
> （2）明确了违约出现的情形及承担违约责任的处置方法。

考点15：买卖合同与建设工程合同

> **教材点睛** 教材P47~P52
>
> **1. 买卖合同**
> （1）《民典法》第五百九十五条~第六百二十一条【P47-P50】
> （2）明确了买卖合同定义，基本内容，合同双方权利与义务，标的物毁损、灭失的风险承担等规定。
>
> **2. 建设工程合同**
> （1）《民典法》第七百八十八条~第八百零八条【P50-P52】
> （2）明确了建设工程合同定义，签订形式，需签订建设工程合同的范围，各类建设工程合同的主要内容，合同签订双方的权利与义务等规定。

巩固练习

1. 【判断题】当事人对合同变更的内容约定不明确的，推定为未变更。（　　）
2. 【判断题】因债权转让增加的履行费用，由受让人负担。（　　）

3.【判断题】当事人一方经对方同意,可以将自己在合同中的权利和义务一并转让给第三人。 (   )

4.【单选题】收受定金的一方不履行约定的债务的,应当(   )倍返还定金。
A. 1   B. 1.5
C. 2   D. 3

5.【单选题】定金的具体数额由当事人约定,但不得超过主合同标的额的(   )。
A. 10%   B. 20%
C. 25%   D. 30%

6.【单选题】违约责任的承担形式不包括(   )。
A. 违约金   B. 赔偿损失
C. 继续履行   D. 协商谈判

7.【单选题】债务人对同一债权人负担的数项债务种类相同,债务人的给付不足以清偿全部债务的,除当事人另有约定外,债务清偿的做法不正确的是(   )。
A. 由债务人在清偿时指定其履行的债务
B. 均无担保或者担保相等的,优先履行债务人负担较轻的债务
C. 债务人未作指定的,应当优先履行已经到期的债务
D. 数项债务均到期的,优先履行对债权人缺乏担保或者担保最少的债务

8.【单选题】债务人给付不足以清偿全部债务的,除当事人另有约定外,首先应偿还的是(   )。
A. 实现债权的有关费用   B. 利息
C. 主债务   D. 成本费用

9.【单选题】当事人一方不履行合同义务或者履行合同义务不符合约定的,应当承担的违约责任不包括(   )。
A. 赔偿损失   B. 赔礼道歉
C. 采取补救措施   D. 继续履行

10.【单选题】当事人一方不履行债务或者履行债务不符合约定,根据债务的性质不得强制履行的,对方可以请求其负担(   )的费用。
A. 违约的费用   B. 定金损失
C. 经济损失   D. 由第三人替代履行

11.【单选题】除法律另有规定外,当事人一方因不可抗力不能履行合同,说法不正确的是(   )。
A. 根据不可抗力的影响,部分或者全部免除责任
B. 应当及时通知对方
C. 在合理期限内提供证明
D. 当事人迟延履行后发生不可抗力的,可免除其违约责任

12.【多选题】债权债务可以终止的是(   )。
A. 债务人盈利   B. 债务已经履行
C. 债务相互抵销   D. 债务人依法将标的物提存
E. 债权债务同归于一人

13.【多选题】当事人可以解除合同的情形是( )。
A. 因不可抗力致使不能实现合同目的
B. 在履行期限届满前,当事人一方明确表示或者以自己的行为表明不履行主要债务
C. 当事人一方迟延履行主要债务,经催告后在合理期限内仍未履行
D. 可以随时解除合同,但应当通知对方
E. 当事人一方迟延履行债务或者有其他违约行为致使不能实现合同目的

14.【多选题】难以履行债务,债务人可以将标的物提存的情形是( )。
A. 债权人违法
B. 丧失民事行为能力未确定监护人
C. 债权人死亡未确定继承人、遗产管理人
D. 债权人下落不明
E. 债权人无正当理由拒绝受领

【答案】1. √;2. ×;3. √;4. C;5. B;6. D;7. B;8. A;9. B;10. D;11. D;12. BCDE;13. ABCE;14. BCDE

第三节　建设工程施工合同示范文本及建筑材料采购合同范本

考点 16:施工合同示范文本的结构、合同相关方的权利和义务

> **教材点睛**　教材 P52~P56
>
> **法规依据**:建设工程施工合同(GF-2017-0201)示范文本
>
> **1. 施工合同示范文本组成**:由合同协议书、通用合同条款和专用合同条款三部分组成。
>
> **2. 构成建设工程施工合同的文件**
>
> (1) 中标通知书(如果有)　　(5) 技术标准和要求
> (2) 投标函及其附录(如果有)　(6) 图纸
> (3) 专用合同条款及其附件　　(7) 已标价工程量清单或预算书
> (4) 通用合同条款　　　　　　(8) 其他合同文件
>
> **3. 发包人的权利与义务**:办理建设许可或批准有关的证件、提供施工现场、提供施工条件、提供基础资料、支付合同价款、组织竣工验收、现场统一管理协议等。
>
> **4. 承包人的权利与义务**
>
> (1) 办理应由承包人办理的许可和批准。
> (2) 完成工程,承担保修义务。
> (3) 采取施工安全和环境保护措施,办理工伤保险,确保工程安全。
> (4) 编制施工组织设计和施工措施计划,并对施工作业和方法负责。

> **教材点睛** 教材 P52~P56（续）
>
> （5）不侵害公用道路、水源、市政管网等公共设施。
> （6）按照环境保护条款负责施工场地及周边环境与生态保护。
> （7）防止因工程施工造成的人身伤害和财产损失。
> （8）合同价款专用于合同工程，向分包人支付合同价款。
> （9）编制竣工资料，按合同条款约定要求移交发包人。
>
> **5. 项目经理的权利与义务**
> （1）项目经理应为合同所确认的人选，是承包人正式聘用的员工。
> （2）应常驻施工现场，且每月在施工现场时间不得少于专用合同条款约定。
> （3）按合同约定组织工程实施。
> （4）需要更换项目经理的，应提前14天书面通知发包人和监理人，并征得发包人书面同意。

巩固练习

1.【判断题】通用合同条款是对专用合同条款原则性约定的细化完善、补充修改或另行约定的条款。（   ）

2.【判断题】发包人更换发包人代表的，应提前7天书面通知承包人。（   ）

3.【判断题】《建设工程施工合同（示范文本）》为非强制性使用文本。（   ）

4.【单选题】施工合同示范文本组成不包括（   ）。
A. 合同协议书   B. 通用合同条款
C. 图纸   D. 专用合同条款

5.【单选题】发包人的义务不包括（   ）。
A. 提供施工现场   B. 编制竣工资料
C. 支付合同价款   D. 组织竣工验收

6.【单选题】不属于承包人义务的是（   ）。
A. 现场统一管理协议
B. 完成工程，承担保修义务
C. 办理工伤保险，确保工程安全
D. 合同价款专用于合同工程，向分包人支付合同价款

7.【单选题】关于承包人项目经理的说法错误的是（   ）。
A. 应为合同所确认的人选
B. 更换项目经理应提前14天书面通知发包人和监理人
C. 是承包人正式聘用的员工
D. 应常驻施工现场，且每月在施工现场时间不得少于施工单位的考核标准

8.【单选题】因发包人原因未能按合同约定及时向承包人提供施工现场、施工条件、基础资料的，由（   ）承担由此增加的费用和（或）延误的工期。
A. 发包人   B. 责任方

C. 监理方	D. 承包人

9.【单选题】构成建设工程施工合同的文件不包括（　　）。
A. 施工合同协议书	B. 中标通知书
C. 施工合同条款	D. 施工技术资料

10.【多选题】构成建设工程施工合同的文件有（　　）。
A. 施工合同协议书	B. 中标通知书
C. 施工合同条款	D. 图纸
E. 施工技术资料

【答案】1.×；2.√；3.√；4.C；5.B；6.A；7.D；8.A；9.D；10.ABCD

考点17：施工合同中控制与管理性条款、材料试验与检验条款

> **教材点睛** 教材 P56～P66
>
> **1. 发包人供应材料与工程设备：** 承包人应提前30天书面通知发包人进场。
>
> **2. 承包人采购材料与工程设备：** 应按设计和有关标准要求采购，发包人不得指定生产厂家或供应商。
>
> **3. 材料与工程设备的接收与拒收：** 发包人提供材料和工程设备应提供产品合格证明，对其质量负责，应提前24小时以书面通知到货时间，承包人负责接收。承包人采购的应在到货前24小时通知监理人检验，不符合设计或标准要求，应运出施工现场，并重新采购，由此增加的费用、延误的工期，由承包人承担。
>
> **4. 保管与使用条款的规定：** 发包人供应的承包人清点后保管，费用由发包人承担。
>
> **5. 样品的报送与封存与保管条款的规定：** 承包人应在计划采购前28天向监理人报送样品；应按约定的方法封样，承包人在现场为保存样品提供存储场所和环境条件。
>
> **6. 材料与工程设备的替代条款的规定：** 在使用替代材料和工程设备28天前书面通知监理人；监理人应在收到通知后14天内向承包人发出经发包人签认的书面指示；逾期发出指示的，视为同意使用替代品。认可使用替代的，价格按照已标价工程量清单或预算书相同项目的价格认定。
>
> **7. 材料取样、试验检验：** 属于自检性质的，承包人可以单独取样、检验试验。属于监理人抽检性质的，可由监理人取样、检验试验，也可共同进行。对检验结果有异议的，或重新试验的，可共同进行。重检质量不符合要求的，增加的费用和（或）工期由承包人承担，质量符合要求的，由发包人承担。

巩固练习

1.【判断题】合同中约定由承包人采购的材料与工程设备，承包人应按设计和有关标准要求采购，发包人不得指定生产厂家或供应商。（　　）

2.【判断题】监理人有权拒绝承包人提供的不合格材料或工程设备，并要求承包人立

即进行更换。 ( )

3. 【判断题】发包人提供的材料或工程设备不符合合同要求的,承包人有权拒绝。
 ( )

4. 【单选题】合同中约定发包人供应材料与工程设备,承包人应提前( )天书面通知发包人进场。
 A. 30 B. 10
 C. 20 D. 28

5. 【单选题】由发包人供应的材料与工程设备,发包人应提前( )小时以书面形式通知承包人、监理人材料和工程设备到货时间。
 A. 72 B. 48
 C. 36 D. 24

6. 【单选题】承包人采购的材料和工程设备,应在材料和工程设备到货前( )小时通知监理人检验。
 A. 24 B. 36
 C. 48 D. 72

7. 【单选题】承包人采购的材料和工程设备不符合设计或有关标准要求时,承包人应在监理人要求的合理期限内将不符合设计或有关标准要求的材料、工程设备运出施工现场,并重新采购符合要求的材料、工程设备,由此增加的费用和(或)延误的工期,由( )承担。
 A. 承运方 B. 制造方
 C. 供货方 D. 承包人

8. 【单选题】承包人应在计划采购前( )天向监理人报送样品。
 A. 7 B. 14
 C. 21 D. 28

9. 【单选题】依据《建筑工程施工合同示范文本》,发包人供应的材料设备,( )派人参加清点后由( )妥善保管,( )支付相应费用。
 A. 发包人,承包人,发包人 B. 发包人,发包人,承包人
 C. 承包人,承包人,承包人 D. 承包人,承包人,发包人

10. 【多选题】材料取样、试验检验承包人与监理人可共同进行的情形有( )。
 A. 承包人自检性质的 B. 监理人抽检性质的
 C. 对试验和检验结果有异议的 D. 查清可靠性重新试验和检验的
 E. 班组内部检验的

【答案】1. √;2. √;3. √;4. A;5. D;6. A;7. D;8. D;9. D;10. BCD

第四章 材料、设备配置的计划

第一节 材料、设备的计划管理

考点 18：材料、设备计划管理的工作要点、流程

> **教材点睛** 教材 P67～P70
>
> **1. 基层组织材料计划员工作要点**
> (1) **五核实**：计划用料；单位工程项目材料节约和超支；周转材料需用量；计划执行情况；材料消耗情况及统计报表数据。
> (2) **四查清**：耗用量是否超供应；需用量与预算量是否相符；内部调度平衡的落实；采购、储备材料库存。
> (3) **三依据**：工作量及工程量；施工进度；套用定额。
> (4) **两制度**：计划供应制度；定期碰头会制度。
> (5) **一落实**：计划需用量落实到单位工程和个人（施工班组）。
>
> **2. 企业材料部门材料计划管理的工作要点**
> (1) **把两关**：按预（决）算给足指标；按预（决）算量控制基层用料，掌握项目节约和超支情况。
> (2) **三对口**：与建设单位备料对口；需用计划与施工项目对口；月度需用计划与项目总用量对口。
> (3) **四核算**：分部、分项材料需用量；单位工程材料需用量；大、小厂水泥需用量；木材需用量。
> (4) **五勤**：勤联系；勤整理；勤登记；勤催料；勤核对。
> (5) **六有数**：三大构件加工地及原料供应；备料、交料及余、缺情况；主要材料、特殊材料的总需用数量；月计划供应情况；合同规定供料责任分工；重点工程、竣工项目材料缺口情况。
>
> **3. 材料计划管理工作流程**：单位工程材料供应计划→材料需用量计划→重要材料申请计划→材料采购计划→材料供应资金计划→计划执行与调整。
>
> **4. 材料、设备计划的种类**
> (1) **按照材料、设备的使用方向分类**：生产材料计划、基本建设材料计划。
> (2) **按照材料计划的用途分类**：材料需用量计划、材料申请计划、材料供应计划、材料加工订货计划、材料采购计划、材料运输计划、材料用款计划。
> (3) **按照计划期限分类**：年度、季度、月度、一次性用料、临时追加材料计划。
>
> **5. 物资供应量＝需用量－库存量＋储备量**

> 巩固练习

1.【判断题】项目材料、设备的配置计划按用途划分,可分为:需用计划、申请计划、采购(加工订货)计划、供应计划、储备计划。（　　）

2.【判断题】材料的年度计划是企业控制成本,编制资金计划和考核物资部门全年工作的主要依据。（　　）

3.【判断题】材料用款计划为尽可能少的占用资金、合理使用有限的备料资金,而制定的材料用款计划,资金是材料物资供应的保证。（　　）

4.【单选题】企业一级材料计划员在编制和执行计划中,应做到的"把两关"是(　　)。

A. 材料供应平衡关和计划用量落实关

B. 严格计划供应和定期碰头会决策

C. 核实计划用料关和核实周转材料关

D. 督促甲方给足指标和控制基层用料、掌握项目节约和超支情况

5.【单选题】材料计划管理工作流程中不包括(　　)。

A. 重要材料申请计划　　　　B. 材料需用量计划

C. 材料供应资金计划　　　　D. 计划论证

6.【单选题】基层组织材料计划员计划管理工作的"三依据"不包括(　　)。

A. 套用定额　　　　　　　　B. 工作量及工程量

C. 施工质量验收规范　　　　D. 施工进度

7.【单选题】基层组织材料计划员计划管理工作的"两制度"是(　　)。

A. 勤联系、勤整理制度

B. 需用量与预算量核算制度

C. 勤登记、勤催料制度

D. 计划供应制度和定期碰头会制度

8.【单选题】企业材料部门材料计划管理的"四核算"不包括(　　)。

A. 分部、分项材料需用量　　B. 单位工程材料需用量

C. 钢材需用量　　　　　　　D. 大、小厂水泥需用量

9.【多选题】材料计划分类中,以下属于按计划用途分的有(　　)。

A. 一次性用料计划　　　　　B. 材料申请计划

C. 生产材料计划　　　　　　D. 材料储备计划

E. 材料加工订货计划

【答案】1.√;2.√;3.√;4.D;5.D;6.C;7.D;8.C;9.BE

第二节 材料消耗定额

考点 19：材料消耗定额的作用、构成、制定原则与方法应用

> **教材点睛** 教材 P71~P76
>
> **1. 材料消耗定额的作用**：核算需要量、编制计划的基础；确定工程造价的主要依据；经济核算的基础；提高管理水平的手段；限额发料、有效使用的标准；制订储备定额和核定流动资金定额的计算尺度。
>
> **2. 材料消耗定额的构成**：净用量、合理的操作损耗、合理的非操作损耗。
>
> **3. 制定材料消耗定额的原则**：降低消耗的原则、实事求是的原则、合理先进性原则、综合经济效益原则。
>
> **4. 制定方法**：计算法、标准试验法、统计分析法、经验估算法、现场测定法。
>
> **5. 常用材料消耗定额的应用**
>
> （1）**材料消耗施工定额**：是班组限额领料、班组核算、企业内部编制材料需用计划的依据。
>
> （2）**材料消耗概算定额**：是编制施工图预算的法定依据，是确定造价、工程拨款、划拨材料指标的依据，是计算标底和投标报价的基础，是编制材料分析、控制材料消耗进行两算对比的依据。
>
> （3）**材料消耗估算指标**：根据企业统计资料和同类型工程，在考虑企业管理水平条件下而制定的一种经验定额，构成内容较粗，不能用于指导施工生产，只能用于编制初步概算，编制年度备料计划及确定订货计划的基本依据。

巩固练习

1.【判断题】材料消耗施工定额是班组限额领料、班组核算、企业内部编制材料需用计划的依据。（　）

2.【单选题】制定材料消耗定额的原则不包括（　）。
A. 实事求是　　　　　　　　　　B. 福利性
C. 降低消耗　　　　　　　　　　D. 合理先进性

3.【单选题】材料消耗估算指标的说法不正确的是（　）。
A. 只能用于编制初步概算的基本依据
B. 构成内容较粗，不能用于指导施工生产
C. 是编制年度备料计划及订货计划的依据
D. 以整幢、整批建筑物为对象，表明每平方米材料消耗量

4.【多选题】材料消耗定额的制定方法有（　）。
A. 头脑风暴法　　　　　　　　　B. 统计分析法

C. 计算法　　　　　　　　D. 标准试验法
E. 现场测定法

【答案】1. √；2. B；3. C；4. BCDE

第三节　材料、设备需用数量的核算

考点 20：材料需用量的核算 ★●

> **教材点睛**　教材 P77~P79

1. 核算依据：工（材）料分析表、材料消耗量汇总表、施工进度。

2. 材料计划需用量

(1) 直接计算法：计划需用量＝建筑安装实物工程量×材料消耗定额，施工预算一般应低于施工图预算。

(2) 间接计算法

已知工程结构类型及建设面积：材料计划需用量＝工程建筑面积×单位建筑面积消耗定额×调整系数

没有施工计划和图纸而只有计划总投资或工程造价：计划需用量＝工程项目总投资×每万元工程量消耗定额×调整系数

消耗的统计资料比较齐全：计划需用量＝（计划期任务量/上期完成任务量）×上期消耗量×调整系数

无消耗定额无历史统计资料，用类比分析法：计划需用量＝计划工程量×类似工程消耗定额×调整系数

3. 材料实际需用量

（1）通用性材料，在工程初期阶段，一般加大储备，实际需用量略大于计划需用量。

（2）工程竣工阶段，一般是利用库存控制进料，实际需用量略小于计划需用量。

（3）特殊材料，往往是一批进料，实际需用量就要大。

实际需用量＝计划需用量＋计划储备量－期初库存量

4. 周转材料需用量计算：首先根据计划期内的材料分析确定周转材料总需用量，然后结合工程特点，确定计划期内周转次数，再算出周转材料的实际需用量。

5. 工具需用量的计算：在大批生产条件下，工具需用量可按计划产量和工具消耗定额来计算；在成批生产条件下，可按设备计划工作台时数和设备每台时的工具消耗定额计算，在单件小批生产条件下，通常按每千元产值的工具消耗来计算。

> **巩固练习**

1.【判断题】考虑到"工完料清场地净"，材料实际需用量要略小于计划需用量。

（　　）

2.【判断题】由于施工预算编制较细，其工程量一般应高于施工图预算。（　）

3.【判断题】一些通用性材料，在工程初期阶段，实际需用量要略小于计划需用量。
（　）

4.【判断题】材料消耗量汇总表是编制材料需用量计划的依据。（　）

5.【判断题】单位工程机械需用（台班）量确定的依据是单位工程工程量和定额机械台班用量。（　）

6.【判断题】当材料消耗的历史统计资料比较齐全时，可采用类比分析法用类似工程的消耗定额进行间接推算。（　）

7.【单选题】（　）是企业内部编制施工作业计划、工程项目实行限额领料的依据，是企业项目核算基础。

　　A. 施工定额　　　　　　　　　　B. 企业定额
　　C. 施工图预算　　　　　　　　　D. 施工预算

8.【单选题】（　）是施工预算的基本计算用表，通过此表可以查出分部分项工程中的各工种的用工量和各项原材料的消耗量，以此作为计划采购的依据之一。

　　A. 标底材料汇总　　　　　　　　B. 工（材）料分析表
　　C. 招标文件材料分析表　　　　　D. 投标文件材料分析表

9.【单选题】用直接计算法计算某种材料计划需用量，其一般计算公式为：某种材料计划需用量＝（　）。

　　A. 建筑安装实物工程量×某种材料消耗定额
　　B. 建筑安装实物工程量×某种材料预算定额
　　C. 建筑安装预算工程量×某种材料预算定额
　　D. 建筑安装预算工程量×某种材料消耗定额

10.【单选题】在工程竣工阶段，因考虑"工完料清场地净"防止工程竣工材料积压，一般是利用库存控制进料，这样实际需用量要（　）计划需用量。

　　A. 小于　　　　　　　　　　　　B. 大于
　　C. 略小于　　　　　　　　　　　D. 略大于

11.【多选题】采用直接计算法计算施工项目某种材料计划需用量时，可采用的定额为（　）。

　　A. 材料消耗施工定额　　　　　　B. 概算定额
　　C. 月度计划　　　　　　　　　　D. 旬计划
　　E. 预算定额

12.【多选题】已知工程结构类型及建设面积匡算主要材料需用量时，必需的数据是（　）。

　　A. 工程的建筑面积　　　　　　　B. 该种材料消耗定额
　　C. 调整系数　　　　　　　　　　D. 每万元工程量该种材料消耗定额
　　E. 工程项目总投资

【答案】1.√；2.×；3.×；4.√；5.×；6.×；7. D；8. B；9. A；10. C；11. A；12. ABC

第四节　材料、设备的配置计划与实施管理

考点 21：材料、设备配置计划的任务、分类及编制★●

> **教材点睛**　教材 P80～P87
>
> **1. 项目物资计划管理的任务**：为实现企业经营目标做物质准备；做好物资平衡、协调；控制采购成本合理使用资金；建立健全企业物资计划管理体系。
>
> **2. 项目物资计划的分类**：按用途划分：分为需用计划、申请计划、采购（加工订货）计划、供应计划、储备计划。按涵盖的时间段划分，分为年度计划、季度计划、月度计划和追加计划。
>
> **3. 材料配置计划的编制**
>
> （1）**材料需用计划编制程序**【图 4-2，P80】
>
> （2）**材料总需用计划的编制步骤**：先了解工程投标书中《材料汇总表》、施工组织设计、工期安排和机械使用计划等相关编制条件（编制依据）；后根据企业资源和库存情况进行供应策划，确定采购或租赁的范围及供应方式；再调查市场价格情况；最后编制单位工程物资总量供应计划表。
>
> （3）**各计划期材料需用计划间的关系**：年度计划是企业控制成本、编制资金计划和考核物资部门全年工作的主要依据；季度计划是年度计划的滚动计划和分解计划；月度计划是年、季度计划的滚动计划，是月度需用计划即为备料计划，是订货、备料的依据。
>
> （4）**计划编制原则**：做好四查工作（查计划、查图纸、查需用、查库存）、实事求是、留有余地。
>
> **4. 设备需用量计划**：根据单位工程施工进度计划和施工方案编制。在施工中，不同的施工机械必须配套使用，以满足施工进度要求，并进行施工成本计算。
>
> **5. 项目材料供应用量和供应计划的编制**
>
> （1）**确定供应量**：按材料需用计划、计划期初库存量、计划期末库存量（周转储备量），用平衡原理计算材料实际供应量。
>
> （2）**制定材料供应计划的主要工作是**：划分供应渠道、确定供应进度。
>
> （3）**材料供应保证措施**：管理组织措施、供应渠道保证措施、资金保证措施、材料储备措施。
>
> **6. 材料采购计划**：凡在市场直接采购的材料，均应编制采购计划，以指导采购工作的进行。通过计划控制采购材料的数量、规格、时间等。
>
> **7. 材料加工订货计划**：凡需与供货单位签订加工订货合同的材料，都应编制加工订货计划。
>
> **8. 月度材料采购计划的编制流程**【图 4-3，P87】

巩固练习

1. 【判断题】材料季度计划是年度计划的滚动计划和分解计划。（　　）
2. 【判断题】材料供应量计划中计算材料供应量时，其中期末储备量为经常储备和保险储备的合计，不考虑季节储备。（　　）
3. 【单选题】材料月度需用计划也称（　　）计划。
   A. 储备　　　　　　　　　　　B. 备料
   C. 滚动　　　　　　　　　　　D. 分解
4. 【单选题】项目月度材料采购计划中量的确定为（　　）。
   A. 储备量＋申请量　　　　　　B. 储备量＋合理运输损耗量
   C. 申请量＋合理运输损耗量　　D. 供货量＋合理运输损耗量
5. 【单选题】材料月度计划需用量的确定公式正确的应为（　　）。
   A. 需用量＝实际用量×(1＋合理损耗率)
   B. 需用量＝实际用量×(1＋合理库存率)
   C. 需用量＝预算用量×(1＋合理库存率)
   D. 需用量＝图纸用量×(1＋合理损耗率)
6. 【单选题】编制施工方案时，施工机械的选择，多使用（　　），即依据施工机械的额定台班产量和规定的台班单价，计算单位工程量成率，以选择成本最低的方案。
   A. 单位工程量成本比较法　　　B. 额定台班产量法
   C. 台班单价法　　　　　　　　D. 最低机械成本法
7. 【多选题】单位工程施工机械需用量计算是根据（　　）编制的。
   A. 单位工程工程量　　　　　　B. 设计方案
   C. 施工方案　　　　　　　　　D. 施工机具类型
   E. 定额机械台班用量
8. 【多选题】项目物资计划管理的任务有（　　）。
   A. 做好物质准备
   B. 做好平衡、协调工作
   C. 合理使用资金
   D. 建立健全企业物资计划管理体系
   E. 及时进行物资调配
9. 【多选题】项目材料、设备的配置计划按用途可以分为（　　）。
   A. 需用计划　　　　　　　　　B. 申请计划
   C. 采购计划　　　　　　　　　D. 供应计划
   E. 追加计划
10. 【多选题】按材料计划涵盖的时间段划分，材料计划可分为（　　）。
    A. 年度计划　　　　　　　　　B. 季度计划
    C. 月度计划　　　　　　　　　D. 旬计划
    E. 追加计划
11. 【多选题】单位工程物资总量供应计划中包括主要材料的供应模式（采购或租

赁)、主要材料大概用量、供方名称、所选定物资供方的理由和材质证明、生产企业资质文件等，其编制依据有（   ）。

A. 项目投标书中的《材料汇总表》　　B. 项目招标书中的《材料汇总表》
C. 项目施工组织计划　　　　　　　　D. 当期物资市场采购价格
E. 预期物资市场采购价格

【答案】 1.√; 2.×; 3.B; 4.C; 5.D; 6.A; 7.ACDE; 8.ABCD; 9.ABCD; 10.ABCE; 11.ACD

考点22：材料计划编制程序 ★●

教材点睛 教材 P87~P88

1. 材料计划编制程序
（1）掌握施工工艺，了解施工技术组织方案，仔细阅读施工图纸。
（2）根据生产作业计划下达合理的工作量。
（3）查材料消耗定额，按所需材料品种、规格、质量计算数量，完成材料分析。
（4）汇总分析材料需用量，编制材料需用计划。
（5）结合项目库存量，计划周转储备量，提出项目用料申请计划，报材料供应部门。

2. 根据物资对于企业质量和成本的影响程度和物资管理体制将物资分 A、B、C 三类进行计划管理：

A 类物资：钢材、水泥、木材、装饰材料、机电材料（电线、电缆，各类开关、阀门、安装设备等）、工程机械设备。公司负责供应；

B 类物资：防水材料、保温材料、地方材料（砂石，各类砌筑材料）、安全防护用具、中小型租赁设备（钢筋、木材加工设备，电动工具；钢模板；架料，U形托，井字架）、辅料、五金、工具（单价400元以上）。项目部负责供应。

C 类物资：油漆、小五金、杂品、工具（单价400元以下）、劳保用品。项目部负责供应。

考点23：材料设备计划的实施管理

教材点睛 教材 P88~P91

1. 干扰材料计划的种因素：施工任务的改变、设计变更、供货情况变化、施工进度变化。
2. 材料计划分析和检查制度：现场检查制度、定期检查制度、统计检查制度。
3. 变更或修订材料计划的情况：任务量变化、工艺变更、其他原因。
4. 变更及修订主要方法：全面调整或修订、专案调整或修订、临时调整或修订。

> **教材点睛** 教材 P88~P91（续）
>
> **5. 调整及修订中应注意的问题**：计划的严肃性和实事求是地调整、及时掌握情况、追加或减少材料以内部平衡调剂为原则。
>
> **6. 考评执行材料计划的经济效果的指标**：采购量和到货率、供应量及配套率、自有运输设备的运输量、占用流动资金及资金周转次数、材料成本的降低率、主要材料的节约率和节约额。

巩固练习

1. 【判断题】室内外各类防水材料属于ABC分类法中的A类物资。（　　）

2. 【单选题】下列物资中，不属于A类物资的是（　　）。
   A. 钢材　　　　　　　　　　　B. 水泥
   C. 木材　　　　　　　　　　　D. 防水材料

3. 【单选题】下列物资中，不属于B类物资的是（　　）。
   A. 防水材料　　　　　　　　　B. 保温材料
   C. 装饰材料　　　　　　　　　D. 地方材料

4. 【单选题】下列物资中，不属于C类物资的是（　　）。
   A. 油漆　　　　　　　　　　　B. 五金
   C. 小五金　　　　　　　　　　D. 杂品

5. 【单选题】下列不属于材料计划检查和分析制度的是（　　）。
   A. 供应检查制度　　　　　　　B. 现场检查制度
   C. 定期检查制度　　　　　　　D. 统计检查制度

6. 【单选题】某公司供应计划的编制根据物资对于企业质量和成本的影响程度和物资管理体制将物资分为A、B、C三类进行计划管理，以下各选项物资按A、B、C三类分别对应正确的为（　　）。
   A. 防水材料、保温材料、安全网　　B. 水泥、保温材料、油漆
   C. 水泥、装饰材料、砂石　　　　　D. 木材、机电材料、小五金

7. 【单选题】不属于考评执行材料计划的经济效果指标的是（　　）。
   A. 采购量和到货率　　　　　　B. 次要材料的节约率和节约额
   C. 供应量及配套率　　　　　　D. 材料成本的降低率

8. 【单选题】材料计划编制程序不包括（　　）。
   A. 了解施工技术组织方案，仔细阅读施工图纸
   B. 查材料消耗定额，按所需材料品种、规格、质量计算数量，完成材料分析
   C. 提出项目资金申请计划
   D. 汇总分析材料需用量，编制材料需用计划

9. 【单选题】某施工单位全年计划进货水泥257000t，其中合同进货192750t，市场采购38550t，建设单位来料25700t。最终实际到货的情况是，合同到货183115t，市场采购32768t，建设单位来料15420t。下列各项指标计算结果不正确的是（　　）。

A. 建设单位来料完成率60% B. 市场采购完成率85%
C. 合同到货完成率75% D. 总计划完成率90%

10.【多选题】下列物资中，属于A类物资的有(　　)。
A. 钢材 B. 水泥
C. 木材 D. 装饰材料
E. 防水材料

11.【多选题】下列物资中，属于B类物资的有(　　)。
A. 防水材料 B. 保温材料
C. 装饰材料 D. 地方材料
E. 机电材料

12.【多选题】下列物资中，属于C类物资的有(　　)。
A. 油漆 B. 五金
C. 小五金 D. 杂品
E. 劳保用品

13.【多选题】材料计划的变更及修订主要方法有(　　)。
A. 专案调整或修订 B. 汇集专家意见修订
C. 临时调整或修订 D. 按领导指示调整或修订
E. 全面调整或修订

14.【多选题】项目物资供应计划中要明确标明的有(　　)。
A. 物资的类别、名称 B. 品种（型号）规格、数量
C. 进场时间、交货地点 D. 验收人和编制日期、编制依据
E. 出厂日期、生产厂家

【答案】1. ×；2. D；3. C；4. B；5. A；6. B；7. B；8. C；9. C；10. ABCD；11. ABD；12. ACDE；13. ACE；14. ABCD

第五章 材料、设备的采购

第一节 材料、设备采购市场的信息

考点 24：采购市场信息的种类、来源与整理

> **教材点睛** 教材 P96~P97
>
> 1. **采购市场信息的种类**：资源信息、供应信息、价格信息、市场信息、新技术新产品信息、政策信息。
> 2. **信息的来源**：报刊、网络等媒体资料、学术技术交流资料、展会交流会资料、广告资料、政府计划报告、调查资料等。
> 3. **采购信息整理常用的方法**：(1) 运用统计报表的形式进行整理；(2) 建立台账；(3) 分析、预测，形成调查报告。

第二节 材料、设备采购基础知识

考点 25：材料、设备采购原则、范围、影响因素和决策

> **教材点睛** 教材 P97~P100
>
> 1. **材料、设备采购应遵循的原则**：遵守法律法规、按计划采购、择优采购、坚持"三比一算"的原则。
> 2. **采购的范围**：工程用料、暂设工程用料、周转材料和消耗性用料、机电设备、其他零星材料。
> 3. **影响采购的因素**：
> (1) 企业外部因素：资源渠道因素、供方因素、供求因素。
> (2) 企业内部因素：施工生产因素、储存能力因素、资金的限制。
> 4. **采购决策步骤**：
> (1) 确定采购材料信息
> (2) 确定计划期的采购总量
> (3) 选择供应渠道及供应商
> (4) 确定采购方式
> (5) 决定采购批量
> (6) 决定采购时间和进货时间

> 巩固练习

1.【判断题】材料、设备采购应坚持的"三比一算"是指：比质量、比价格、比运距、算成本。（ ）

2.【单选题】下列不属于材料、设备采购的企业内部影响因素的是（ ）。
A. 料场、仓库堆放能力限制　　　　B. 供求因素
C. 施工生产因素　　　　　　　　　D. 资金的限制

3.【单选题】采购信息整理常用的方法不包括（ ）。
A. 三比一算
B. 运用统计报表的形式进行整理
C. 分析、预测，形成调查报告
D. 建立台账

4.【单选题】材料、设备采购应遵循的原则不包括（ ）。
A. 按计划采购　　　　　　　　　　B. 遵守法律法规
C. 低价采购　　　　　　　　　　　D. 择优采购

5.【单选题】影响采购的企业外部因素不包括（ ）。
A. 供方因素　　　　　　　　　　　B. 资源渠道因素
C. 供求因素　　　　　　　　　　　D. 施工生产因素

6.【单选题】影响采购的企业内部因素不包括（ ）。
A. 资源渠道因素　　　　　　　　　B. 储存能力因素
C. 施工生产因素　　　　　　　　　D. 资金的限制

7.【单选题】采购决策步骤不包括（ ）。
A. 确定计划期的采购总量　　　　　B. 确定采购材料信息
C. 选择运输车辆　　　　　　　　　D. 确定采购方式

8.【多选题】采购市场信息的种类有（ ）。
A. 内部信息　　　　　　　　　　　B. 价格信息
C. 新技术新产品信息　　　　　　　D. 供应信息
E. 政策信息

【答案】1.√；2. B；3. A；4. C；5. D；6. A；7. C；8. BCDE

第三节 材料、设备的采购方式

考点 26：材料、设备采购方式

> **教材点睛** 教材 P100~P103
>
> **1. 市场采购**
> （1）**现货供应**：随时需要随时购买。适用于市场供应充裕，价格变化较小，采购频繁的材料设备。
> （2）**期货供应**：以商定的价格和约定供货时间的方式。适用于一次采购批量大，且价格升浮幅度较大，而供货时间可确定材料设备。
> （3）**赊销供应**：适用于施工生产连续使用，供应商长期固定、市场供大于求，竞卖较为激烈的材料设备。
>
> **2. 招标采购**
> （1）**公开招标采购**：在报刊和网络媒体上公开刊登招标广告，众多供应商或承包商参加投标竞争。
> （2）**邀请招标采购**：招标单位选择一定数量的供应商，向其发出投标邀请书，参加招标竞争。
> （3）**两阶段招标采购**：即同一采购项目进行两次招标，第一阶段就采购货物的技术、质量以及合同条款（合同价款除外）和供货条件等进行谈判，供应商提供不含价格的技术标；第二阶段依据确定的技术规范进行正常的公开招标。
>
> **3. 谈判采购**
> （1）**程序**：计划和准备阶段、开局阶段、正式洽谈阶段和成交阶段。
> （2）**特点**：合作性与冲突性、原则性和可调整性、经济利益中心性。
>
> **4. 询价采购**：邀请报价的数量至少为 3 个、只允许供应商提供一个报价、合同一般授予最低报价的供应商。
>
> **5. 单一来源采购**：适用于只能从唯一供应商处采购、不可预见的紧急情况、为了保证一致或配套服务从原供应商添购的采购，是一种没有竞争的采购方式。
>
> **6. 征求建议采购**：采购机构与少数的供应商接洽，征求各方建议书，谈判后提出"最佳和最后建议"，然后进行评价和比较，选出最能满足采购实际需求的供应商。
>
> **7. 其他采购方式：**
> （1）**协作采购**：业主参与货物供应商的选择、价格的谈判、资金结算。
> （2）**补偿贸易**：由企业提供资金，用于材料企业新建、扩建、改建生产设施，并以其产品偿还企业的投资。
> （3）**联合开发**：指与材料生产企业协作。
> （4）**调剂与串换**：在企业或项目部之间将余缺材料进行调剂、暂借、串换。

第四节 材料、设备的采购方案与采购时机

考点 27：采购方案与采购时机

> **教材点睛** 教材 P103～P105
>
> **1. 材料采购的准备**：建立重要货物来源的记录、建立同一类目货物的价格目录、分析研究，作出预测。
> **2. 材料采购方案的确定**：选择采购费和储存费之和最低的方案，其计算公式为：$F=Q/2\times P\times A+S/Q\times C$
> **3. 最优采购批量的计算**：也称最优库存量，或称经济批量，是指采购费和储存费之和最低的采购批量，其计算公式：$Q_0=\sqrt{2SC/PA}$
> **4. 经济批量的确定方法**：
> （1）按照商品流通环节最少的原则选择最优批量。
> （2）按照运输方式选择经济批量。
> （3）按照采购费用和保管费用支出最低的原则选择经济批量。
> **5. 采购时机的确定**：
> （1）根据材料、设备供需波动规律，确定采购时间。
> （2）根据市场竞争状况，确定采购时间。
> （3）根据现场库存情况，确定采购时间。

巩固练习

1.【判断题】现货供应适用于一次采购批量大，价格升浮幅度较大，供货时间可确定的主要材料设备。（　　）
2.【判断题】材料采购方式不是一成不变的，企业要把握市场，灵活应用采购方式。（　　）
3.【判断题】以大分包形式分包的工程，分包单位的物资供方评定工作由项目经理负责。（　　）
4.【判断题】B、C 类物资均可不进行物资供方评定工作。（　　）
5.【判断题】材料采购招标的应标供应商不得少于 2 家。（　　）
6.【单选题】材料的期货供应属于（　　）的供货方式。
A. 联合开发获得资源　　　　B. 招标采购
C. 市场采购　　　　　　　　D. 协作采购
7.【单选题】采购较为频繁的材料设备时应采用（　　）。
A. 协作采购　　　　　　　　B. 现货供应
C. 期货供应　　　　　　　　D. 赊销供应
8.【单选题】当一次采购批量大时，且价格升浮幅度较大，而供货时间可确定的主要

材料设备可采用( )。
A. 协作采购 B. 现货供应
C. 期货供应 D. 赊销供应

9.【单选题】适用于施工生产连续使用,供应商长期固定、市场供大于求,竞卖较为激烈的材料设备的采购方式是( )。
A. 协作采购 B. 现货供应
C. 期货供应 D. 赊销供应

10.【单选题】要求工程项目材料人员必须与业主方配合才能完成材料采购任务的采购方式是( )。
A. 市场采购 B. 招标采购
C. 协作采购 D. 赊销供应

11.【单选题】最优采购批量是指( )之和最低的采购批量。
A. 材料费和机械费 B. 采购费和储存费
C. 运输费和采购费 D. 仓储费和损耗费

12.【单选题】材料采购招标的应标供应商不得少于( )家。
A. 2 B. 3
C. 4 D. 5

13.【单选题】下列不属于谈判采购特点的是( )。
A. 没有竞争性 B. 合作性与冲突性
C. 原则性和可调性 D. 经济利益中心性

14.【单选题】招标采购是由材料部门编制货物采购标书,提出需用材料设备的数量、品种、规格、质量、技术参数等招标条件,由各供应(销售或代理)商投标,表明对采购标书中相关内容的满足程度和满足方法,经( )评定后,确定供应(销售或代理)商及其供应产品。
A. 评标组织 B. 综合
C. 项目部 D. 公司物资部

15.【单选题】在进行材料采购时,应进行方案优选,选择采购费和储存费之和最低的方案,其计算公式为:$F＝Q/2×P×A+S/Q×C$,其中 F 为( )。
A. 采购费 B. 储存费
C. 采购费和储存费之和 D. 采购单价

16.【多选题】市场采购具体的供货方式可分为( )。
A. 协作采购 B. 现货供应
C. 期货供应 D. 赊销供应
E. 网上采购

17.【多选题】材料采购方案的优选原则是( )之和最低。
A. 采购费 B. 储存费
C. 损耗费 D. 运输费
E. 二次倒运费

18.【多选题】项目的年材料费用总和指( )之和。

A. 材料费 B. 运输费
C. 采购费 D. 损耗费
E. 仓库仓储费

19.【多选题】以下对于材料设备的采购时机的确定说法正确的是( )。
A. 根据材料、设备的供需波动规律,确定采购时间
B. 根据供应方的能力,确定采购时间 C. 根据市场竞争状况,确定采购时间
D. 根据现场库存情况,确定采购时间 E. 根据资金储备情况,确定采购时间

【答案】1. ×;2. √;3. ×;4. ×;5. ×;6. C;7. B;8. C;9. D;10. C;11. B;12. B;13. A;14. A;15. C;16. BCD;17. AB;18. ACE;19. ACD

第五节 供应商的选定、评定和评价

考点28:供应商的评定和评价

教材点睛 教材P105~P109

1. 供货商选定的管理职责
(1) B类物资的物资供方评定(事前)与考核评估(事后)工作一般应由公司物资部门负责牵头,项目经理部积极配合。
(2) C类物资可不进行物资供方评定工作,由项目物资部将物资供方汇编报公司物资部备案,在公司授权范围内进行采购供应。
(3) 分包单位的物资供方评定工作由项目物资部负责。

2. 对供应商的评定
(1) 评定方法:对能力和产品质量体系实地考察与评定、对产品综合评定、其他使用者的使用效果。
(2) 评定内容:资质、质量保证能力、资信程度、服务能力安全环保能力、守法履约情况、供货能力、付款要求、企业信誉、售后服务能力、同质产品单价竞争力。
(3) 评定程序:
1) 供应商填写资格预审/评价表。
2) 各级采购人员按采购权限进行分类整理,进行综合评定后填写评价意见。
3) 公司物资部经理审核后在"评价结果"一栏中签署评价意见,报经公司有关领导审核。
4) 公司主管领导审批后,评定合格的物资供方列入公司合格供方名册,作为采购选择供方范围。

3. 对供应商的评价
(1) 评估的内容:生产能力和供货能力、所供产品的价格水平和社会信誉、质量保证能力、履约表现和售后服务水平、产品环保、安全性。

> **教材点睛** 教材 P105～P109（续）
>
> **(2) 评估程序：**
> 1) 由采购员牵头，组织项目有关人员对已供货的供方进行全面评价，填写"供应商评估表"。
> 2) 使用单位的有关部门和采购部门在"供应商评估表"中填写实际情况。
> 3) 公司物资部经理根据评估的内容签署意见，确定是否继续保留在合格供应单位名单中。

巩固练习

1.【单选题】以大分包形式分包的工程，分包单位的物资供方评定工作由（　　）负责。

　　A. 项目经理　　　　　　　　B. 工程部
　　C. 物资部　　　　　　　　　D. 总包材料员

2.【单选题】可以不进行物资供方评定工作的是（　　）物资。

　　A. A 类　　　　　　　　　　B. B 类
　　C. C 类　　　　　　　　　　D. B、C 类

3.【单选题】下列选项中，不属于对物资供方的评定采取的方法是（　　）。

　　A. 对供方能力和产品质量体系进行实地考察与评定
　　B. 对供方的信誉进行调查与评定
　　C. 对所需产品样品进行综合评定
　　D. 了解其他使用者的使用效果

4.【单选题】对物资供方的评定内容不包括（　　）。

　　A. 供方资质　　　　　　　　B. 供方质量保证能力
　　C. 供方样品质量　　　　　　D. 供方服务能力

5.【单选题】对物资供方的评估的内容不包括（　　）。

　　A. 生产能力　　　　　　　　B. 社会信誉
　　C. 供货速度　　　　　　　　D. 质量保证能力

6.【单选题】A、B 类物资的物资供方评定（事前）与考核评估（事后）工作一般应由（　　）。

　　A. 公司物资部门负责牵头，项目经理部积极配合
　　B. 项目部负责牵头，公司物资部门配合监督
　　C. 采购部门负责牵头，运输仓储部门积极配合
　　D. 项目采购负责牵头，项目经理检查审批

7.【多选题】对物资供方的评定采取的方法有（　　）。

　　A. 对供方能力和产品质量体系进行实地考察与评定
　　B. 对供方的财务状况进行评定
　　C. 对供方的信誉进行调查与评定

D. 对所需产品样品进行综合评定
E. 了解其他使用者的使用效果

8.【多选题】对物资供方的评定内容有（   ）。
A. 供方资质
B. 供方质量保证能力
C. 供方服务能力
D. 供方样品质量
E. 付款要求

9.【多选题】对物资供方的评估的内容有（   ）。
A. 供货速度
B. 社会信誉
C. 生产能力
D. 质量保证能力
E. 履约表现

10.【多选题】属于对供应商作综合评估的最基本指标有（   ）。
A. 技术水平和产品质量
B. 供应能力和价格
C. 交货准确率
D. 可靠性（信誉）和售后服务
E. 地理位置和业务人员水平

【答案】1. C；2. C；3. B；4. C；5. C；6. B；7. ADE；8. ABCE；9. BCDE；10. ABCD

第六节　采购及订货成交、进场和结算

考点 29：采购及订货成交、进场和结算

教材点睛　教材 P109～P113

1. **材料采购和加工订货业务主要分为**：准备、谈判、成交、执行和结算五个阶段。
2. **采购业务谈判内容**：明确采购材料的名称、品种、规格和型号；确定采购数量和价格；确定质量标准和验收方法；确定交货地点、方式、办法、交货代送或供方送货等；确定运输办法。
3. **可不进行招标的情况**：设备、材料只能从唯一制造商处获得；设备、材料需方可自产；采购活动涉及国家安全和秘密；以及法律、法规另有规定的。
4. **采购招标的基本流程**：分标→标底文件的编制→投标单位资格审查→评标、定标→发中标通知书。
5. **采购合同包括**：材料采购合同和设备供应合同。其中设备供应合同中应加入现场服务的相关条款。
6. **采购设备的到货检验程序**：采购人要向供货方发出到货检验通知→货物清点→开箱检验。
7. **采购设备的检验要求**：
(1) 根据采购合同和装箱单开箱验收，检验外观质量、型号、数量、随机资料和质

> **教材点睛** 教材 P113~P115(续)
>
> 量证明等，填写检验记录表。符合条件办理入库手续，妥善保管。
> （2）对特种设备、材料和有特殊要求的可采取直接到供货单位验证或可委托第三方检验。
> （3）检验器具应满足检验精度和检验项目的要求，并在有效期内。
>
> **8. 采购货物的结算**
> （1）**货物价款的构成**：货物自身价款、加工费、运输费、包装费、保管费、装卸费和其他税费。
> （2）**工程项目材料结算分为**：企业内部结算和对外结算两大类。
> （3）**企业内部结算方式**：转账法、内部货币法、预付法。
> （4）**企业对外结算方式**：托收承付、信汇结算、委托银行付款结算、承兑汇票结算、支票结算、现金结算。

巩固练习

1.【判断题】项目材料结算方式主要为企业内部结算和对外结算。　　　　　　（　　）

2.【判断题】采购业务谈判过程中，对于违约的赔偿额度和方式，在没有成交之前必须坚持需方要求不能让步。成交后的合同签订上，文字应注意含糊，以便于后期再次谈判。　　　　　　　　　　　　　　　　　　　　　　　　　　　　　　（　　）

3.【单选题】签订材料采购合同应使用企业、事业单位章或合同专用章并有(　　)。

A. 采购业务章　　　　　　　　　　B. 项目经理签字或盖章

C. 法定代表（理）人签字或盖章　　D. 财务业务章

4.【单选题】成交的形式不包括(　　)。

A. 签订购销合同　　　　　　　　　B. 签订供货手续和方式

C. 签发提货单据　　　　　　　　　D. 现货现购

5.【单选题】下列选项中，不属于企业内部的结算方式的是(　　)。

A. 转账法　　　　　　　　　　　　B. 内部货币法

C. 预付法　　　　　　　　　　　　D. 现金结算

6.【单选题】下列选项中，不属于企业对外结算方式的是(　　)。

A. 转账法　　　　　　　　　　　　B. 托收承付

C. 信汇结算　　　　　　　　　　　D. 支票结算

7.【单选题】企业内部结算主要是指(　　)的结算。

A. 企业内部不同工程项目部之间

B. 工程项目部与企业

C. 企业内不同业务部门间

D. 企业内部不同业务部门与供货商之间

8.【多选题】材料设备采购和加工订货业务，经过与供方协商取得一致意见，履行买卖手续后即为成交。成交的形式有(　　)。

A. 签订购销合同　　　　　　　　　B. 签订供货手续和方式

C. 签发提货单据 D. 供需双方协商
E. 现货现购

9.【多选题】项目材料结算方式主要为(   )。
A. 采购结算 B. 企业内部结算
C. 对外结算 D. 供应结算
E. 网上结算

10.【多选题】企业内部的结算方式包括(   )。
A. 转账法 B. 内部货币法
C. 预付法 D. 托收承付
E. 现金结算

11.【多选题】企业对外结算方式包括(   )。
A. 转账法 B. 托收承付
C. 信汇结算 D. 支票结算
E. 现金结算

【答案】1. √；2. ×；3. C；4. B；5. D；6. A；7. B；8. ACE；9. BC；10. ABC；11. BCDE

第七节　物资采购合同的主要条款及风险规避

考点 30：物资采购合同的风险规避

> **教材点睛**　教材 P115~P117
>
> **1. 意外风险规避措施**：关注市场行情，经常与供应商沟通，掌握市场动态与最新政策。
>
> **2. 采购质量风险规避措施**：定期对供应商现场审计，杜绝空壳公司供货，加强材料的质量检验。
>
> **3. 合同欺诈风险规避措施**：定期对供应商进行现场审计，杜绝空壳公司供货。严格按照采购方的合同条款执行，避免合同内容违法、当事人主体不合格或超越经营范围而无效；通过资信调查，切实掌握对方的履约能力；审查合同条款是否齐全、当事人权利义务是否明确、手续是否具备、签章是否齐全，杜绝模糊不清的条款存在。付款方式，尽量是"先到货，后付款"。
>
> **4. 到货验收风险规避措施**：跟踪、严格控制货物的到库时间；加强货物的验收；与质量部密切配合，加强材料的质量检验。
>
> **5. 存量风险规避措施**：严格按计划采购物资；经常了解近期内可能需要采购的物资；与相应的供应商联系，做好前期准备工作。
>
> **6. 责任风险规避措施**：建立与完善内部控制制度与程序，加强采购业务人员的培训和教育，培养团队精神，增强企业内部的风险防范能力。

> **教材点睛** 教材 P115~P117(续)
>
> **7. 不当履行合同的处理**：供货方多交标的物的，采购方可以接收或者拒绝接收多交部分，采购方接收多交部分的，按照合同的价格支付价款；采购方拒绝接收多交部分的，应当及时通知供货方。

第八节 材料采购的供应管理

考点 31：材料采购供应管理

> **教材点睛** 教材 P117~P119
>
> **1. 材料管理应遵循的原则**：有利生产方便施工、统筹兼顾保证重点、加强联系配套供应、勤俭节约的原则。
> **2. 材料供应管理的基本任务**：编制材料供应计划、组织资源、组织材料运输、材料储备、平衡调度、选择供料方式、提高成品半成品供应程度、材料供应的分析和考核。
> **3. 材料供应责任制**
> (1) 材料供应"三包"：包供应、包退换、包回收。
> (2) 材料供应"三保"：保质、保量、保进度。
> (3) 材料供应"三定"：定送料分工、定送料地点、定接料人员。

巩固练习

1. 【判断题】为了避免物资采购合同欺诈风险，双方订立合同时，尽量由供应商出具合同。（　　）
2. 【单选题】材料供应的"三包"是（　　）。
   A. 包质、包量、包进度　　B. 包供应、包退换、包回收
   C. 包质、包量、包退换　　D. 包供应、包质量、包退换
3. 【单选题】到货验收风险规避措施不包括（　　）。
   A. 关注市场行情
   B. 跟踪、严格控制货物的到库时间
   C. 与质量部密切配合，加强材料的质量检验
   D. 加强货物的验收
4. 【单选题】材料供应的"三定"不包括（　　）。
   A. 定送料地点　　B. 定送料分工
   C. 定运输车辆　　D. 定接料人员
5. 【单选题】材料管理应遵循的原则不包括（　　）。
   A. 有利生产方便施工　　B. 加强联系配套供应

C. 统筹兼顾保证重点　　　　　　　　D. 坚持"三比一算"

6.【单选题】材料采购资金管理的说法错误的是(　　)。

A. 品种采购量管理法适用分工明确、采购任务确定的

B. 一般综合性采购部门采取采购金额管理法

C. 品种采购量管理法适用一般综合性采购部门

D. 费用指标管理法是鼓励完成采购业务、降低采购成本

7.【多选题】以下属于到货验收风险的有(　　)。

A. 到货时间过早　　　　　　　　　B. 到货时间太迟

C. 在价格上发生变动　　　　　　　D. 在数量上不足

E. 在数量上过多

8.【多选题】以下属于存量风险规避措施的有(　　)。

A. 严格按计划采购物资

B. 经常了解近期内可能需要采购的物资

C. 跟踪物资的到货时间

D. 尽量由采购方出具合同

E. 与相应的供应商联系，做好前期准备工作

【答案】1.×；2.B；3.A；4.C；5.D；6.C；7.ABDE；8.ABE

第六章 建筑材料、设备的进场验收与符合性判断

第一节 进场验收和复验意义

考点32：进场验收与复验

> 教材点睛 教材 P122
>
> **1. 材料进场验收的作用**：是施工企业物资由生产领域向流通领域转移的中间重要环节，是保证进入施工现场的物资满足工程预定的质量标准，满足用户使用，确保用户生命安全的重要手段和保证。
>
> **2. 法律、法规对建筑材料进场验收和复验的规定**
>
> （1）要求施工企业加强对建筑材料的进场验收与管理，按规范应复验的必须复验，无相应检测报告或复验不合格的应予退货。
>
> （2）严禁使用有害物质含量不符合国家规定的建筑材料。
>
> （3）使用国家明令淘汰的建筑材料和使用没有出厂检验报告的建筑材料，尤其不按规定对建筑材料的有害物质含量指标进行复验的，对施工单位和有关人员进行处罚。
>
> **3. 建筑材料的出厂检验报告与进场复验报告区别**
>
> （1）出厂检验报告为厂家在完成此批次货物的情况下厂方自身内部的检测，一旦发生问题和偏离，不具有权威性。
>
> （2）进场复验报告为用货单位在监理及业主方的监督下由本地质检权威部门出具的检验报告，具有法律效力。
>
> （3）出厂检验报告是每种型号、每种规格都出具的，而进场报告是施工部门在使用的型号规格内随机抽取的。

第二节 常用建筑及市场工程材料的符合性判断

考点33：水泥 ★●

> 教材点睛 教材 P122～P127
>
> **1. 通用硅酸盐水泥分类**：硅酸盐水泥、普通硅酸盐水泥、矿渣硅酸盐水泥（A型矿渣掺量＞20%且≤50%，代号 P·S·A；B型矿渣掺量＞50%且≤70%，代号 P·S·B）、火山灰质硅酸盐水泥（代号 P·P）、粉煤灰硅酸盐水泥（代号 P·F）、复合硅酸盐水泥（代号 P·C）。

> **教材点睛** 教材 P122~P127(续)
>
> **2. 硅酸盐水泥**：不掺加混合料的Ⅰ型，其代号 P·Ⅰ；掺加不超水泥质量5%混合料的Ⅱ型，其代号 P·Ⅱ。
>
> **3. 普通硅酸盐水泥**：代号 P·O，其水泥中熟料+石膏的掺量应≥85%且<95%。
>
> **4. 通用硅酸盐水泥**：
>
> （1）**物理指标**：包括凝结时间、安定性、细度、强度。硅酸盐水泥初凝时间不小于45min，终凝时间不大于390min。普通硅酸盐水泥等初凝不小于45min，终凝不大于600min。
>
> （2）**化学指标**：要求见教材 P123 表 6-1，氯离子质量分数≤0.06^c。
>
> （3）用户要求提供低碱水泥时，水泥中碱含量不得大于 0.6% 或由买卖双方商定。
>
> **5. 铝酸盐水泥**：代号 CA，细度要求比表面积不小于 300m^2/kg 或 45μm 方孔筛筛余不得超过 20%；初凝时间 CA50、CA70、CA80 不得早于 30min，CA60 不得早于 60min；终凝时间 CA50、CA70、CA80 不得迟于 6h，CA60 不得迟于 18h。体积安定性必须合格。
>
> **6. 膨胀水泥和自应力水泥**：线膨胀率 1% 以下，自应力水泥的线膨胀率一般为 1%~3%。
>
> **7. 快硬硅酸盐水泥**：强度等级以 3d 抗压强度表示，用于紧急抢修工程、低温施工工程、高等级混凝土等。应及时使用，出厂一个月后应重新检验强度，合格后方可使用。
>
> **8. 中、低热硅酸盐水泥**：水化热较低，抗冻性与耐酸性较高，适用于大体积水上建筑物要求低水化热、高抗冻性和耐磨性的工程。初凝不得早于 60min，终凝不得迟于 12h。
>
> **9. 低碱度硫铝酸盐水泥**：用于制作玻璃纤维增强水泥制品，用于配有钢纤维、钢筋、钢丝网、钢埋件等混凝土制品及结构时，所用钢材应为不锈钢。出厂水泥应保证 7d 强度、28d 自由膨胀率合格。

巩固练习

1.【判断题】中热水泥不得与其他品种水泥混用。　　　　　　　　　　　　　（　　）
2.【单选题】下列选项中，不属于通用硅酸盐水泥的是（　　）。
　A. 快硬硅酸盐水泥　　　　　　　　B. 矿渣硅酸盐水泥
　C. 火山灰质硅酸盐水泥　　　　　　D. 粉煤灰硅酸盐水泥
3.【单选题】火山灰质硅酸盐水泥的代号为（　　）。
　A. P. P　　　　　　　　　　　　　B. P. F
　C. P. C　　　　　　　　　　　　　D. P. O
4.【单选题】国家标准规定，若使用活性骨料，用户要求提供低碱水泥时，水泥中碱含量不得大于（　　）或由买卖双方商定。
　A. 0.2%　　　　　　　　　　　　　B. 0.4%

C. 0.6%   D. 0.8%

5.【单选题】下列选项中，不属于通用硅酸盐水泥的技术要求中的物理指标的是（　　）。
A. 碱含量　　　　　　　　　　B. 凝结时间
C. 安定性　　　　　　　　　　D. 细度

6.【单选题】硅酸盐水泥的初凝时间不小于（　　）min，终凝时间不大于（　　）min。
A. 45，390　　　　　　　　　　B. 60，390
C. 45，600　　　　　　　　　　D. 60，600

7.【单选题】粉煤灰硅酸盐水泥的初凝时间不小于（　　）min，终凝时间不大于（　　）min。
A. 45，390　　　　　　　　　　B. 60，390
C. 45，600　　　　　　　　　　D. 60，600

8.【单选题】下列选项中，不属于特性水泥的是（　　）。
A. 快凝快硬性水泥　　　　　　B. 快硬硅酸盐水泥
C. 膨胀水泥　　　　　　　　　D. 自应力水泥

9.【单选题】可用于紧急抢修工程的是（　　）。
A. 快硬硅酸盐水泥　　　　　　B. 膨胀水泥
C. 自应力水泥　　　　　　　　D. 中热硅酸盐水泥

10.【单选题】下列选项中，不属于中热水泥适用的是（　　）。
A. 紧急抢修工程　　　　　　　B. 大体积水上建筑物
C. 高抗冻性工程　　　　　　　D. 耐磨性工程

11.【单选题】低碱度硫铝酸盐水泥用于混凝土制品及结构时，所用钢材应为（　　）。
A. 低碳钢　　　　　　　　　　B. 螺纹钢
C. 钢绞线　　　　　　　　　　D. 不锈钢

12.【单选题】硅酸盐水泥按3d和28d龄期的抗折和抗压强度分为（　　）个强度等级。
A. 三　　　　　　　　　　　　B. 四
C. 五　　　　　　　　　　　　D. 六

13.【单选题】普通硅酸盐水泥按3d和28d龄期的抗折和抗压强度分为（　　）个强度等级。
A. 三　　　　　　　　　　　　B. 四
C. 五　　　　　　　　　　　　D. 六

14.【单选题】为保证超高层部分地下基础打地基混凝土的质量，需采购低热矿渣硅酸盐水泥，其强度等级为（　　）。
A. 32.5和42.5　　　　　　　　B. 32.5和32.5R
C. 42.5和42.5R　　　　　　　D. 52.5和52.5R

15.【单选题】普通硅酸盐系列水泥的细度是（　　）指标。
A. 必测性　　　　　　　　　　B. 强制性

C. 非选择性   D. 选择性

16.【单选题】烧失量为水泥的（　　）指标。
A. 物理   B. 化学
C. 选择性   D. 协商性

17.【多选题】以下各选项中属于硅酸盐系列水泥物理指标的为（　　）。
A. 凝结时间   B. 体积稳定性
C. 安定性   D. 强度
E. 细度

18.【多选题】通用硅酸盐水泥包括（　　）。
A. 普通硅酸盐水泥   B. 矿渣硅酸盐水泥
C. 火山灰质硅酸盐水泥   D. 粉煤灰硅酸盐水泥
E. 快硬硅酸盐水泥

19.【多选题】通用硅酸盐水泥的技术要求中的物理指标包括（　　）。
A. 碱含量   B. 凝结时间
C. 安定性   D. 细度
E. 强度

20.【多选题】常用的特性水泥主要有（　　）。
A. 快凝快硬性水泥   B. 快硬硅酸盐水泥
C. 膨胀水泥   D. 自应力水泥
E. 中热硅酸盐水泥

【答案】1. √；2. A；3. A；4. C；5. A；6. A；7. C；8. A；9. A；10. A；11. D；12. C；13. B；14. A；15. D；16. B；17. ACDE；18. ABCD；19. BCDE；20. BCDE

考点 34：混凝土

教材点睛 教材 P127～P139

1. 粗骨料： 分为卵石和碎石，三个等级，Ⅰ类用于大于 C60 级的混凝土；Ⅱ类用于 C30～C60 级及抗冻、抗渗等混凝土；Ⅲ类用于小于 C30 级的混凝土。指标有颗粒级配、强度、坚固性、针片状颗粒、含泥量和泥块含量。

2. 细骨料： 天然砂和人工砂，按细度模数分为粗砂（3.1～3.7）、中砂（2.3～3.0）、细砂（1.6～2.2）、特细砂（0.7～1.5）。指标有细度模数、颗粒级配、含泥量、泥块含量和石粉含量、砂的有害物质。

3. 轻骨料： 分为三类，天然轻骨料、人造轻骨料、工业废料轻骨料，指标有颗粒级配和细度模数、堆积密度、强度、粒型系数。

4. 混凝土强度的评定： 分为统计方法评定和非统计方法评定。

5. 新型混凝土： 泵送混凝土、大体积混凝土、高性能混凝土、商品混凝土。

考点35：砂浆 ★●

教材点睛 教材 P139~P144

1. 砌筑砂浆：可分为水泥砌筑砂浆、水泥混合砌筑砂浆和预拌砌筑砂浆。

2. 砌筑砂浆的技术性能：工作性（包括流动性、保水性）、强度（28d 龄期的抗压强度来确定，M5~M30）、抗冻性（F15~F50）。

3. 预拌砂浆分类与标记：湿拌砂浆分为湿拌砌筑砂浆、湿拌抹灰砂浆、湿拌地面砂浆和湿拌防水砂浆；干混砂浆分为普通干混砂浆和特种干混砂浆，普通干混砂浆包括干混砌筑砂浆、干混抹灰砂浆、干混地面砂浆和干混普通防水砂浆；特种干混砂浆包括干混陶瓷砖粘结砂浆、干混填缝砂浆、干混修补砂浆、干混聚合物水泥防水砂浆、干混自流平砂浆、干混耐磨地坪砂浆和干混饰面砂浆。

4. 预拌砂浆的技术性能：见教材 P143 表 6-31~表 6-34。

巩固练习

1.【判断题】碱骨料反应是指粗细骨料中的二氧化硅与水泥中的碱性氧化物发生化学反应。（　　）

2.【判断题】轻骨料的细度模数宜在 2.3~4.0 范围内。（　　）

3.【判断题】砂浆的保水性用砂浆含水率表示。（　　）

4.【判断题】砂浆的强度等级是以边长 100mm 的立方体试块测得的。（　　）

5.【单选题】针片状颗粒含量是（　　）进场外观验收的项目。

A. 砂　　　　　　　　　　　　B. 岩石颗粒

C. 水泥　　　　　　　　　　　D. 陶粒

6.【单选题】碱骨料反应是指粗细骨料中的（　　）与水泥中的碱性氧化物发生化学反应。

A. 二氧化硅　　　　　　　　　B. 活性二氧化硅

C. 硫化物　　　　　　　　　　D. 硫酸盐

7.【单选题】轻骨料的技术要求不包括（　　）。

A. 颗粒级配　　　　　　　　　B. 贝壳含量

C. 堆积密度　　　　　　　　　D. 粒型系数

8.【单选题】下列选项中，不属于砌筑砂浆的是（　　）。

A. 水泥砌筑砂浆　　　　　　　B. 普通砌筑砂浆

C. 水泥混合砌筑砂浆　　　　　D. 预拌砌筑砂浆

9.【单选题】干混普通砌筑砂浆拌合物的体积密度不小于（　　）。

A. 1200kg/m³　　　　　　　　B. 1500kg/m³

C. 1800kg/m³　　　　　　　　D. 2000kg/m³

10.【单选题】依据规范规定，混凝土的抗压强度等级分为十四个等级。下列关于混凝土强度等级级差和最高等级的表述中，正确的是（　　）。

A. 等级级差 5N/mm², 最高等级为 C80
B. 等级级差 4N/mm², 最高等级为 C60
C. 等级级差 5N/mm², 最高等级为 C75
D. 等级级差 4N/mm², 最高等级为 C80

11.【单选题】混凝土强度等级 C25 表示混凝土立方体抗压强度标准值为(　　)。
A. $f_{\mathrm{Cu,k}}=25\mathrm{MPa}$
B. $20\mathrm{MPa}<f_{\mathrm{Cu,k}}\leqslant25\mathrm{MPa}$
C. $22.5\mathrm{MPa}<f_{\mathrm{Cu,k}}<27.5\mathrm{MPa}$
D. $25\mathrm{MPa}\leqslant f_{\mathrm{Cu,k}}<30\mathrm{MPa}$

12.【单选题】用于 C60～C40 混凝土的碎石的压碎值指标为不大于(　　)。
A. 8%
B. 10%
C. 12%
D. 15%

13.【单选题】用于在严寒及寒冷地区室外使用,并经常处于潮湿或干湿交替状态下的 C60～C40 混凝土的坚固性指标（5 次循环后的质量损失）为不大于(　　)。
A. 8%
B. 10%
C. 12%
D. 15%

14.【单选题】细骨料是指粒径小于(　　)mm 的岩石颗粒,通常按砂的生成过程特点,可将砂分为天然砂和人工砂。
A. 4.50
B. 4.70
C. 4.75
D. 5.00

15.【单选题】根据《普通混凝土用砂、石质量及检验方法标准》JGJ 52—2006,砂颗粒级配区是按 600μm 筛孔直径的不重叠且连续的累计筛余率划分为(　　)个级配区。
A. 3
B. 4
C. 5
D. 6

16.【单选题】碎石中不应混有草根、树叶、树枝、塑料、煤块和炉渣等杂物且其中的有害物质（有机物、硫化物和硫酸盐）的含量（硫化物及硫酸盐含量,折算成 SO_3 按质量计）控制应满足不大于(　　)。
A. 1%
B. 2%
C. 3%
D. 4%

17.【单选题】预拌砂浆标记 WW M15/P8-70-12-GB/T 25181—2010 代表的含义正确的是(　　)。
A. 湿拌砂浆强度等级为 M15,抗渗等级为 P8,稠度为 70mm,凝结时间为 12h
B. 湿拌防水砂浆强度等级为 M15,抗渗等级为 P8,稠度为 70mm,凝结时间为 12h
C. 预拌砂浆强度等级为 M15,抗渗等级为 P8,稠度为 70mm,凝结时间为 12h
D. 干拌砂浆强度等级为 M15,抗渗等级为 12h,稠度为 70mm,凝结时间为 P8

18.【单选题】砂浆的流动性技术指标为稠度,由砂浆的沉入度试验确定。对于烧结多孔砖砌体、烧结空心砖砌体、轻集料混凝土小型空心砌块砌体、蒸压加气混凝土砌块砌体砌筑砂浆的施工稠度为(　　)。
A. 50～70
B. 60～80
C. 70～90
D. 80～90

19.【单选题】砌筑砂浆的技术性能包括(　　)。

A. 流动性、保水性、强度　　　　　　B. 工作性、强度、粘结性
C. 工作性、强度、塑性　　　　　　　D. 工作性、强度、抗冻性

20.【单选题】不属于干混砂浆分类品种的是(　　)。
A. 干混砌筑砂浆　　　　　　　　　　B. 干混抹灰砂浆
C. 干混界面砂浆　　　　　　　　　　D. 干混防冻砂浆

21.【单选题】砂浆的强度等级是以边长为 70.7mm 的立方体试块，在标准养护条件（温度为 20±2℃，相对湿度为 90% 以上）下，用标准试验方法测得 28d 龄期的(　　)来确定的。
A. 抗压强度　　　　　　　　　　　　B. 抗压强度的标准值
C. 抗压强度和抗折强度　　　　　　　D. 轴心抗压强度

22.【单选题】水泥混合砂浆的强度等级可分为(　　)。
A. M5、M7.5、M10、M15
B. M5、M7.5、M10、M15、M20
C. M15、M7.5、M10、M15、M20、M25
D. M5、M7.5、M10、M15、M20、M25、M30

23.【多选题】轻骨料的技术要求主要有(　　)。
A. 颗粒级配　　　　　　　　　　　　B. 贝壳含量
C. 堆积密度　　　　　　　　　　　　D. 粒型系数
E. 吸水率

24.【多选题】混凝土强度的评定方法有(　　)。
A. 统计方法评定　　　　　　　　　　B. 非统计方法评定
C. 标准差已知方案评定　　　　　　　D. 标准差未知方案评定
E. 合格性评定

25.【多选题】砌筑砂浆可以分为(　　)。
A. 水泥砌筑砂浆　　　　　　　　　　B. 普通砌筑砂浆
C. 水泥混合砌筑砂浆　　　　　　　　D. 预拌砌筑砂浆
E. 特种砂浆

26.【多选题】砌筑砂浆的技术性能包括(　　)。
A. 工作性　　　　　　　　　　　　　B. 流动性
C. 保水性　　　　　　　　　　　　　D. 强度
E. 抗冻性

27.【多选题】普通混凝土在可能情况下应选用(　　)，以节约水泥。
A. 特粗砂　　　　　　　　　　　　　B. 粗砂
C. 中砂　　　　　　　　　　　　　　D. 细砂
E. 特细砂

【答案】1. ×；2. √；3. ×；4. ×；5. √；6. B；7. B；8. B；9. C；10. D；11. D；12. B；13. A；14. C；15. A；16. A；17. B；18. B；19. D；20. D；21. A；22. A；23. ACDE；24. AB；25. ACD；26. ADE；27. BC

考点36：建筑钢材 ★●

> **教材点睛** 教材 P144～P151
>
> **1. 碳素结构钢**：包括一般结构钢和工程用热轧钢板、钢带、型钢等。技术要求包括化学成分、力学性能、冶炼方法、交货状态及表面质量五个方面，力学性能、冷弯试验指标应符合教材 P144 表 6-36～表 6-37 的要求。力学性能指标中的拉伸性能包括屈服强度、抗拉强度、断后伸长率和冲击试验。常见牌号有 Q195、Q215、Q235、Q275 等。
>
> **2. 低合金高强度结构钢**：与碳素钢相比，屈服强度、抗拉强度、耐磨性、耐蚀性及耐低温性能等均有提高。技术要求见教材 P146～P148 表 6-38～表 6-39 的要求。主要牌号有 Q345、Q390、Q420、Q460 等。
>
> **3. 钢筋混凝土结构用钢材**：主要品种有热轧钢筋、冷加工钢筋、热处理钢筋、预应力混凝土用钢丝和钢绞线，按直条或盘条供货。技术要求见教材 P150 表 6-40～表 6-42 的要求，钢材外形有光圆、月牙肋、等高肋三种。常用的强度等级有 HPB235、HPB300、HRB335、HRBF335、HRB400、HRBF400、HRB500、HRBF500。
>
> **4. 钢结构用钢材**：技术要求包括钢的牌号和化学成分、力学性能，可按钢材相应国家标准供货，也可根据需方要求，经供需双方协议，按其他指标供货。

巩固练习

1. 【判断题】预应力混凝土用钢丝适用于预应力混凝土用冷拉或消除应力的低松弛光圆、螺旋肋和刻痕钢丝，其中冷拉钢丝主要用于超长预应力梁。（　　）

2. 【单选题】普通碳素钢随牌号降低，钢材（　　）。
   A. 强度提高、韧性提高　　　　　　B. 强度降低、伸长率降低
   C. 强度提高、伸长率降低　　　　　D. 强度降低、伸长率提高

3. 【单选题】热轧带肋钢筋的代号为（　　）。
   A. HPB　　　　　　　　　　　　　B. HRB
   C. CRB　　　　　　　　　　　　　D. WLR

4. 【单选题】属于建筑工程中用量最大的钢材品种之一，主要用于钢筋混凝土和预应力混凝土结构的配筋的是（　　）。
   A. 热轧钢筋　　　　　　　　　　　B. 冷加工钢筋
   C. 热处理钢筋　　　　　　　　　　D. 钢丝

5. 【单选题】用低碳钢热轧圆盘条专用钢筋经冷轧扭机调直、冷轧并冷扭一次成形为规定截面形状和节距的连续螺旋状钢筋称为（　　）。
   A. 冷轧扭钢筋　　　　　　　　　　B. 热处理钢筋
   C. 冷轧带肋钢筋　　　　　　　　　D. 热轧钢筋

6. 【单选题】预应力混凝土用热处理钢筋，是用热轧带肋钢筋经淬火和回火调质处理后的钢筋。通常有直径为 6mm、8mm、10mm 三种规格，其条件屈服强度为不小于 1325MPa，抗拉强度不小于 1470MPa，伸长率（$\delta 10$）不小于 6%，1000h 应力松弛不大

于( )。

  A. 3.5%　　　　　　　　　　　B. 5.5%

  C. 7.5%　　　　　　　　　　　D. 9.5%

7.【单选题】代号为 WLR 的预应力混凝土用钢丝属于( )。

  A. 普通松弛钢丝　　　　　　　B. 高松弛级钢丝

  C. 低松弛级钢丝　　　　　　　D. 特殊松弛钢丝

8.【单选题】HRBF335 钢筋的外形为( )。

  A. 光圆　　　　　　　　　　　B. 直肋

  C. 月牙肋　　　　　　　　　　D. 等高肋

9.【单选题】牌号为 Q390 的低合金高强度结构钢的质量等级分为( )级。

  A. 3　　　　　　　　　　　　　B. 4

  C. 5　　　　　　　　　　　　　D. 6

10.【单选题】低碳钢热轧圆盘条 Q215 的抗拉强度,不大于( )MPa。

  A. 215　　　　　　　　　　　　B. 235

  C. 335　　　　　　　　　　　　D. 435

11.【多选题】低合金钢与碳素钢相比提高了( )。

  A. 屈服强度　　　　　　　　　B. 抗拉强度

  C. 抗弯强度　　　　　　　　　D. 耐磨性

  E. 耐腐蚀性

12.【多选题】热轧钢筋按其轧制外形分为( )。

  A. 热轧光圆钢筋　　　　　　　B. 热轧带肋钢筋

  C. 热处理钢筋　　　　　　　　D. 热轧普通钢筋

  E. 热轧高强钢筋

【答案】1. ×;2. D;3. B;4. A;5. A;6. A;7. C;8. C;9. C;10. D;11. ABDE; 12. AB

考点 37：墙体材料 ★●

> **教材点睛** 教材 P152~P158

  1. 砌墙砖：种类有烧结普通砖、烧结多孔砖空心砖、蒸压(养)砖。

  (1) 烧结普通砖：主要原料有普通黏土、粉煤灰、煤矸石、页岩、建筑渣土等掺入工业废渣。技术要求项目有规格、外观质量、强度、泛霜、石灰爆裂,常见的强度等级有 MU10、MU15、MU20、MU25 等,规格尺寸为 240mm×115mm×53mm,适宜作建筑围护结构、烟囱、沟道及其他构筑物。

  (2) 烧结多孔砖、空心砖：自重比烧结普通砖轻 30%~35%,多孔砖为竖孔,空心砖为水平孔,常见的尺寸有 290mm、240mm、190mm、180mm、140mm 等,烧结多孔砖的强度等级有 MU10、MU15、MU20、MU25 等,烧结空心砖有 MU10~MU3.5 四个强度等级,体积密度分为 800~1100 四个密度级别。技术指标要求见教材表 6-45~表 6-47。

> **教材点睛** 教材 P152～P158（续）

(3) 蒸压（养）砖：根据所用原料有灰砂砖、粉煤灰砖等，规格 240mm×115mm×53mm，分为五个强度等级，具体要求见教材表 6-48、表 6-49。砖出釜后应存放一段时间后再用，长期受高温、冷热交替、有酸性侵蚀的不得使用粉煤灰砖。

2. 墙用砌块：种类有粉煤灰砌块、蒸压加气混凝土砌块、混凝土小型砌块、轻骨料混凝土小型空心砌块。

(1) 粉煤灰砌块：外形尺寸分为 880mm×380（430）mm×240mm，强度等级分为 10、13 级，分为一等品（B）、合格品（C）两个质量等级。端面应加灌浆槽，坐浆面宜设抗切槽。

(2) 蒸压加气混凝土砌块：规格尺寸有两个系列，抗压强度分为 A1.5～A5.0 五个强度等级，干体积密度分为 B03～B07 五个级别，按尺寸偏差分为 1 型和 2 型，1 型适用于薄灰缝砌筑，2 型适用于厚灰缝砌筑。

(3) 混凝土小型砌块：分为主块型砌块、辅助砌块和免浆砌块，空心砌块孔隙率大于 25%，实心砌块孔隙率小于 25%。按抗压强度分为 MU5.0～MU40 九个强度等级，适用于地震设计烈度为 8 度及以下地区，自然养护时 28d 后方可使用；出厂时相对含水率必须在标准规定范围内；现场堆放采取防雨措施，砌筑前不允许浇水预湿。

(4) 轻骨料混凝土小型空心砌块：空心率大于 25%、体积密度不大于 $1400kg/m^3$，主规格尺寸为 390mm×190mm×190mm，干体积密度分为 500～1400 八个密度等级，抗压强度 MU2.5～MU10 五个强度等级；质量等级分为优等品（A）、一等品（B）和合格品（C）三个等级。

3. 新型墙体材料：种类有纤维增强低碱度水泥建筑平板、玻璃纤维增强水泥轻质多孔隔墙条板、石膏空心条板、彩钢夹心板。

> **巩固练习**

1. 【判断题】一等普通烧结砖不允许出现泛霜现象。（　　）
2. 【判断题】蒸压砖的强度不是通过烧结获得的。（　　）
3. 【判断题】混凝土小型空心砌块是以水泥、砂、石等普通混凝土材料制成的，其空心率为 20%。（　　）
4. 【判断题】混凝土小型砌块在砌筑前，应进行浇水预湿。（　　）
5. 【单选题】烧结普通砖的公称尺寸为（　　）。
   A. 150mm×115mm×53mm　　　　B. 240mm×150mm×115mm
   C. 240mm×115mm×115mm　　　D. 150mm×53mm×53mm
6. 【单选题】下列选项中，不属于烧结普通砖的抗压强度等级的是（　　）。
   A. MU7.5　　　　　　　　　　B. MU10
   C. MU15　　　　　　　　　　D. MU20
7. 【单选题】在绝热要求较高的围护结构上应使用（　　）。
   A. 混凝土小型空心砌块　　　　B. 加气混凝土砌块

C. 粉煤灰砌块　　　　　　　　　　D. 轻骨料混凝土小型空心砌块

8. 【单选题】长期受高于200℃温度作用，或受冷热交替作用，或有酸性侵蚀的建筑部位（　）使用粉煤灰砖。
   A. 必须　　　　　　　　　　　　　B. 应当
   C. 可以　　　　　　　　　　　　　D. 不得

9. 【多选题】蒸压加气混凝土砌块抗压强度等级有（　）。
   A. A2.0　　　　　　　　　　　　　B. A2.5
   C. A3.0　　　　　　　　　　　　　D. A3.5
   E. A4.0

10. 【多选题】按照砌筑部位和方式的不同，普通混凝土小型砌块分为（　）。
    A. 墙顶砌块　　　　　　　　　　　B. 墙底砌块
    C. 主块型砌块　　　　　　　　　　D. 辅助砌块
    E. 免浆砌块

【答案】1. ×；2. √；3. × B；4. ×；5. A；6. A；7. D；8. D；9. BCD；10. CDE

考点38：防水材料 ★●

> **教材点睛**　教材 P157~P163

　　1. 石油沥青：分为建筑石油沥青、道路石油沥青和普通石油沥青三大类，技术要求见表6-55、表6-56(P157)。

　　2. 防水卷材：常用的有石油沥青防水卷材、高聚物改性沥青防水卷材、合成高分子防水卷材等，卷材特点、适用范围及技术要求见表6-57~表6-66(P158-P161)。主要性能指标有纵向拉力、延伸率、耐热度、柔性、低温柔度、不透水性、加热收缩率、热老化保持率等。

　　3. 防水涂料：按液态类型可分为溶剂型、水乳型和反应型三种；按成膜物质的主要成分分为沥青类、高聚物改性沥青类和合成高分子类。性能指标有固体含量、耐热度、柔性、不透水性、延伸性等。高聚物改性沥青防水涂料厚度最小一般为2mm，合成高分子防水涂料为1.5mm。

　　4. 防水油膏：常用的有沥青嵌缝油膏、塑料油膏、丙烯酸类密封膏、聚氨酯密封膏、硅酮密封膏等。

　　(1) 沥青嵌缝油膏：主要用于屋面、墙面、沟和槽的防水嵌缝。

　　(2) 塑料油膏：各种屋面嵌缝或表面涂布作为防水层，也可用于水渠、管道等接缝。

　　(3) 丙烯酸类密封膏：有溶剂型和水乳型两种，比橡胶类便宜，属于中等价格及性能的产品，主要用于屋面、墙板、门、窗各种清洁、干燥的缝内嵌缝。

　　(4) 聚氨酯密封膏：一般是甲乙双组分配制，适用于游泳池、公路及机场跑道的补缝、接缝，也可用于玻璃、金属材料的嵌缝。

> **教材点睛** 教材 P157~P163(续)
>
> （5）**硅酮密封膏**：具有优异的耐热、耐寒性和良好的耐候性；与各种材料都有较好的粘结性能。分为 F 类和 G 类两种类别，F 类为建筑接缝用密封膏，G 类为镶装玻璃用密封膏。
>
> **5. 防水粉**：主要有以轻质碳酸钙为基料和以工业废渣为基料两种类型；适用于屋面防水、地面防潮，地铁工程的防潮、抗渗等，缺点是露天风力过大时施工困难，建筑节点处理稍难，立面防水不好解决。

巩固练习

1. 【判断题】防水粉的性能稳定，适用于露天风力较大时施工使用。（　　）
2. 【单选题】常用做屋面或地下防水工程的是（　　）。
   A. 石油沥青纸胎油毡　　　　　　B. 石油沥青玻璃布油毡
   C. 石油沥青玻纤胎油毡　　　　　D. 石油沥青麻布胎油毡
3. 【单选题】常用做屋面增强附加层的是（　　）。
   A. 石油沥青纸胎油毡　　　　　　B. 石油沥青玻璃布油毡
   C. 石油沥青玻纤胎油毡　　　　　D. 石油沥青麻布胎油毡
4. 【单选题】多用于沥青面层下层的是（　　）沥青混合料。
   A. 粗粒式　　　　　　　　　　　B. 中粒式
   C. 细粒式　　　　　　　　　　　D. 混合式
5. 【单选题】SBS 改性沥青防水卷材的适用范围正确的是（　　）。
   A. 适合于寒冷地区　　　　　　　B. 适合于非寒冷地区
   C. 多层铺设的屋面防水工程　　　D. 单独使用
6. 【单选题】若屋面防水等级为Ⅱ级，则 SBS 改性沥青防水卷材的选用厚度不应小于（　　）mm。
   A. 2　　　　　　　　　　　　　　B. 3
   C. 4　　　　　　　　　　　　　　D. 5
7. 【单选题】具有一定的物理性质和粘附性，即在低温条件下应有弹性和塑性，在高温条件下要有足够的强度和稳定性，满足此条件的石油沥青产品为（　　）。
   A. 普通石油沥青　　　　　　　　B. 改性石油沥青
   C. 丁基橡胶石油沥青　　　　　　D. 三元乙丙石油沥青
8. 【单选题】三元乙丙橡胶防水卷材的施工工艺为（　　）。
   A. 胶粘法　　　　　　　　　　　B. 热风焊接法
   C. 冷粘法或自粘法　　　　　　　D. 压粘法
9. 【单选题】玻纤胎体的高聚物改性沥青防水卷材物理性能中拉力（N/50mm）的要求为（　　）。
   A. 纵向，≥350；横向，≥250　　　B. 纵向，≥250；横向，≥2000
   C. 纵向，≥200；横向，≥150　　　D. 纵向，≥150；横向，≥100

10.【多选题】普通石油沥青技术要求有（　　）。
A. 针入度　　　　　　　　　B. 强度
C. 延度　　　　　　　　　　D. 软化点
E. 闪点

11.【多选题】根据我国现行石油沥青标准，石油沥青主要划分为（　　）三大类。
A. APP 石油沥青　　　　　　B. 建筑石油沥青
C. 道路石油沥青　　　　　　D. 普通石油沥青
E. 合成石油沥青

【答案】1. ×；2. C；3. D；4. A；5. A；6. B；7. B；8. C；9. A；10. ACDE；11. BCD

考点 39：保温材料★●

> **教材点睛** 教材 P164~P167
>
> **1. 类型**：按其成分可分为有机、无机两大类；按其形态可分为纤维状、多孔状、气泡、粒状、层状等多种。
>
> **2. 矿物棉及制品**：主要用于建筑物墙壁、屋顶、天花板等保温绝热和吸声，还可制成防水毡和管道的套管。
>
> **3. 玻璃棉及制品**：包括短棉和超细棉两种，短棉制成玻璃棉毡、卷毡，用于建筑物的隔热和隔声、通风、空调设备的保温、隔声等。
>
> **4. 硅酸铝棉及制品**：具有质轻、耐高温、低热容量、导热系数低、优良的热稳定性、优良的抗拉强度和优良的化学稳定性。主要用于工业及窑炉的高温绝热封闭以及过滤、吸声材料。
>
> **5. 石棉及其制品**：具有高度耐火性、电绝缘性和绝热性，主要用于机械保温、防火、隔热等方面。
>
> **6. 无机微孔材料**：有硅藻土、硅酸钙及其制品。
>
> **7. 无机气泡状保温材料**：膨胀珍珠岩散料主要用作填充材料、现浇水泥珍珠岩保温、隔热层、粉刷材料以及耐火混凝土方面，其制品用于较低温度的热管道、热设备的保温绝热，以及维护结构的保温、隔热、吸声。加气混凝土主要用于轻质砖、轻质墙、隔声砖、隔热砖和节能砖。
>
> **8. 有机气泡状保温材料**：有模塑聚苯乙烯泡沫塑料、挤塑聚苯乙烯泡沫塑料、聚氨酯硬质泡沫塑料，用于墙体保温、平面混凝土屋顶保温等。
>
> **9. 岩棉制品、离心玻璃丝棉检验项目**：规格尺寸偏差、密度、强度检测、可燃性检测。

巩固练习

1.【判断题】保温材料按其成分可分为有机、无机两大类。　　　　　　　　（　　）

2.【判断题】玻璃棉包括短棉、长棉和超细棉三种。　　　　　　　　　　　（　　）

3. 【单选题】矿物棉及制品作为绝热和吸声材料，其使用部位不包括（   ）。
   A. 墙壁   B. 地下室外墙外侧
   C. 屋顶   D. 管道的套管
4. 【单选题】岩棉制品、离心玻璃丝棉的检验标准项目不包括（   ）。
   A. 密度   B. 强度检测
   C. 可燃性检测   D. 吸水率
5. 【单选题】加气混凝土在用于建筑工程中时不包括（   ）。
   A. 轻质砖   B. 轻质墙
   C. 防水砖   D. 节能砖
6. 【单选题】硅酸铝棉又称耐火纤维，其性质特点不包括（   ）。
   A. 耐高温   B. 导热系数低
   C. 优良的化学稳定性   D. 高热容量
7. 【单选题】更广泛的用作保温、隔热、防水和地面防潮的材料的有机气泡状保温材料是（   ）。
   A. 岩棉板   B. EPS
   C. XPS   D. 硅藻土
8. 【多选题】石棉及其制品主要用于机械（   ）等方面。
   A. 保温   B. 防火
   C. 隔热   D. 缓冲
   E. 抗磨

【答案】1.√；2.×；3.B；4.D；5.C；6.D；7.B；8.ABC

考点40：公路沥青★●

教材点睛 教材 P167~P173

1. **公路沥青**：由沥青材料、胶结集料、矿粉等组成。用于公路结构性路面的胶结材料。

2. **沥青材料**：可采用道路石油沥青、煤沥青、乳化石油沥青、液体石油沥青等。沥青材料的选择应根据交通量、气候条件、施工方法、沥青面层类型、材料来源等确定。

3. **道路石油沥青适用范围**：A级适用各个等级的公路；B级适用高速公路、一级公路面层及以下层次，二级及以下公路的各个层次；C级适用三级及以下公路的各个层次。

4. **乳化沥青适用范围**：沥青表面处治路面、沥青贯入式路面、冷拌沥青混合料路面，修补裂缝、喷洒透层、黏层与封层等。

5. **改性乳化沥青适用范围**：喷洒型改性乳化沥青（PCR）适用黏层、封层、桥面防水粘结层；拌合用乳化沥青（BCR）适宜改性稀浆封层和微表处用。

教材点睛 教材 P167～P173（续）

6. 液体石油沥青适用范围：透层、黏层及拌制常温沥青混合料。

7. 煤沥青适用范围：各种等级公路的各种基层上的透层；三级及以下的公路表面处治或贯入式沥青路面；与道路石油沥青、乳化沥青混合使用，以改善渗透性。

考点 41：公路沥青混合料 ★●

教材点睛 教材 P174～P185

1. 沥青混合料：是沥青混凝土混合料和沥青碎石混合料的总成。

（1）沥青混凝土混合料：适用于高速公路、一级公路和城市快速路、主干路的沥青面层的各层及其他等级道路的沥青面层上层的铺筑。

（2）沥青碎石混合料：适用于高速公路、一级公路和城市快速路、主干路沥青面层的过渡层及整平层。

2. 沥青混合料的分类

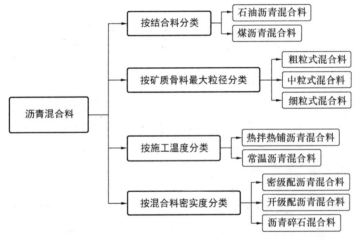

3. 粗骨料：主要品种有碎石、破碎砾石、筛选砾石、钢渣、矿渣等；主要技术质量控制指标有粒径、杂质和杂物、黏附性、磨光值、碎石面等。

4. 细骨料：主要品种有天然砂、机制砂、石屑；质量要求是洁净、干燥、无风化、无杂质，有适当的颗粒级配。

5. 填料：主要品种有矿粉、拌合机粉尘或粉煤灰。

6. 热拌沥青混合料：

（1）按其骨料最大粒径可分为粗粒式、中粒式、细粒式等类型。其中，粗粒式沥青混合料适用于下面层；中粒式沥青混合料适用于单层式面层或下面层；砂粒式沥青混合料（沥青砂）适用于面层及人行道面层。

（2）热拌热铺沥青混合料路面应采用机械化连续施工。

7. 沥青玛琋脂碎石混合料（SMA）

（1）组成是由沥青玛琋脂填充碎石组成的骨架嵌挤型密实沥青混合料。

> **教材点睛** 教材 P174~P185(续)
>
> （2）性能：具有高抗车辙能力、较高的抗疲劳强度、抗老化能力、抗松散性和很好的耐久性，且高温稳定性、耐磨性、抗滑性能好。

巩固练习

1．【判断题】公路沥青是用于公路结构性路面的气硬性胶凝材料。（　）
2．【判断题】附有炼油厂的沥青质量检验单的沥青材料可以直接进行施工。（　）
3．【判断题】煤沥青严禁与道路石油沥青、乳化沥青混合使用。（　）
4．【判断题】高速公路和一级公路用的粗骨料不得使用筛选砾石和矿渣。（　）
5．【判断题】石料磨光值是高速公路的表层抗滑试验指标。（　）
6．【判断题】筛选砾石适用于二级以下公路的沥青表面处治路面。（　）
7．【判断题】公路沥青混合料的粗骨料必须由具有生产许可证的采石场或施工单位自行加工。（　）
8．【判断题】公路沥青混合料细骨料必须由具有生产许可证采石场、采砂场生产或施工单位自行加工。（　）
9．【单选题】道路用乳化沥青技术技术指标不包括（　）。
　A．破乳速度　　　　　　　　B．黏度
　C．常温贮存稳定性　　　　　D．安定性
10．【单选题】改性乳化沥青的适用范围不包括（　）。
　A．喷洒型适用黏层　　　　　B．喷洒型适用封层
　C．喷洒型适用屋面防水面层　D．拌合型适宜微表处用
11．【单选题】改性沥青的制作与存储做法错误的是（　）。
　A．用做改性剂的SBR胶乳中的固体物含量不宜少于45%
　B．加工温度不宜超过80℃
　C．用溶剂法生产改性沥青母体时，挥发性溶剂回收后的残留量不得超过5%
　D．发现离析等质量不符合要求的改性沥青不得使用
12．【单选题】公路沥青混合料面层用的粗骨料质量技术要求说法错误的是（　）。
　A．应洁净、干燥、无风化、无杂质
　B．有足够的强度和耐磨耗性
　C．钢渣的游离氧化钙的含量不应大于5%
　D．用于一级公路的多孔玄武岩的视密度可放宽至2.45t/m³
13．【单选题】轧制为破碎砾石的原料砾石质量要求正确的是（　）。
　A．粒径大于50mm、含泥量不大于1%
　B．粒径大于100mm、含泥量不大于0.5%
　C．粒径大于80mm、含泥量不大于3%
　D．粒径大于50mm、含泥量不大于5%
14．【单选题】热拌沥青混合料原材料质量要求错误的是（　）。

A. 细骨料最大粒径应小于或等于 5mm

B. 主干路采用重交通道路石油沥青做粘结材料宜改性使用

C. 矿粉要求干燥、洁净

D. 机制破碎砂可用于城市快速路

15.【单选题】沥青玛琋脂碎石混合料（SMA）面层所用的沥青技术指标要求不包括（　　）。

A. 针入度　　　　　　　　　B. 软化点

C. 低温稠度　　　　　　　　D. 离析试验

16.【多选题】沥青混合料按混合料密实度可以分为（　　）。

A. 密级配沥青混合料　　　　B. 中级配沥青混合料

C. 开级配沥青混合料　　　　D. 半开级配沥青混合料

E. 连续级配沥青混合料

17.【多选题】沥青混合料的填料可采用（　　）。

A. 矿粉　　　　　　　　　　B. 天然砂

C. 机制砂　　　　　　　　　D. 拌合机粉尘

E. 粉煤灰

18.【多选题】乳化沥青适用于（　　）。

A. 各等级的公路　　　　　　B. 沥青表面处治路面

C. 沥青贯入式路面　　　　　D. 冷拌沥青混合料路面

E. 修补裂缝

【答案】1.×；2.×；3.×；4.√；5.√；6.×；7.√；8.×；9.D；10.C；11.B；12.C；13.A；14.D；15.C；16.ACD；17.ADE；18.BCDE

考点 42：公路土工合成材料★●

教材点睛　教材 P185～P206

1. 土工合成材料的分类

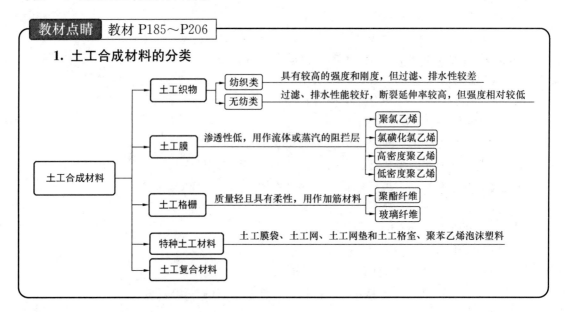

> **教材点睛** 教材 P185~P206（续）
>
> **2. 土工合成材料的技术性能**
> （1）**物理性能**：有单位面积质量、厚度、幅度、当量孔径等。
> （2）**力学性能**：拉伸性能、撕破强力、顶破强力、穿透性能、摩擦性能等。
> （3）**水力性能**：垂直渗透性能、防渗性能和有效孔径等。
> （4）**耐久性能**：抗氧化性能、抗酸碱性能和抗紫外线性能等。
> （5）**主要作用**：有过滤作用、排水作用、反滤作用、加筋作用、防护作用、路面裂缝的防治作用。
> **3. 土工合成材料的技术要求**【P190-P206】

巩固练习

1.【判断题】土工合成材料的力学性能包括拉伸性能、撕破强力、顶破强力、摩擦性能。（　　）
2.【判断题】土工膜的尺寸偏差主要指标有幅度、幅度偏差、厚度偏差。（　　）
3.【判断题】槽形塑料排水板（带）板芯槽齿无倒伏现象。（　　）
4.【单选题】土工膜袋的最大填充厚度不超过（　　）mm。
　A. 200　　　　　　　　　　　　B. 300
　C. 400　　　　　　　　　　　　D. 500
5.【单选题】单位面积质量是指单位面积的土工合成材料在标准大气条件下的单位面积的质量。它是反映材料用量、生产均匀性以及质量稳定性的重要物理指标，采用（　　）测定。
　A. 取样法　　　　　　　　　　　B. 称量法
　C. 随机法　　　　　　　　　　　D. 平衡法
6.【单选题】顶破强力是指材料受顶压荷载直至破裂时的最大顶压力。它反映了土工合成材料抵抗各种法向静态应力的能力，是评价各种土工织物、复合土工织物、土工膜、复合土工膜及其相关的复合材料力学性能的重要指标之一。顶破强力为规定施加荷载直至试件顶破破坏时的（　　）。
　A. 最小压力　　　　　　　　　　B. 最小顶压力
　C. 最大顶压力　　　　　　　　　D. 最大压力
7.【单选题】常用（　　）来评价和控制材料的抗紫外线性能。
　A. 炭黑含量　　　　　　　　　　B. 抗紫外线性能
　C. 抗老化性能　　　　　　　　　D. 纤维含量
8.【单选题】有纺土工织物的保存期为（　　）个月。
　A. 6　　　　　　　　　　　　　B. 12
　C. 18　　　　　　　　　　　　 D. 24
9.【单选题】反滤作用是指在土工建筑物中设置反滤层以防止管涌破坏的现象，保护土料中的颗粒（特别小的除外）不从土工织物中的孔隙中流失同时要保证水流畅通，保护土料的细颗粒不得停留在织物内产生淤堵。（   ）逐渐取代常规的砂石料反滤层，成为反滤层设置的主要材料。

A. 水泥反滤层　　　　　　　　B. 土工织物
C. 土工砌筑层　　　　　　　　D. 有机土工布

10.【多选题】土工合成材料的力学性能主要包括（   ）。
A. 拉伸性能　　　　　　　　　B. 穿透强力
C. 撕破强力　　　　　　　　　D. 顶破强力
E. 渗透性能

11.【多选题】土工合成材料的水力性能主要包括（   ）等。
A. 垂直渗透性能　　　　　　　B. 防渗性能
C. 有效孔径　　　　　　　　　D. 最小顶压力
E. 渗水压力

12.【多选题】土工膜袋的填充物有（   ）等。
A. 混凝土　　　　　　　　　　B. 砂浆
C. 碎砖　　　　　　　　　　　D. 黏土
E. 膨胀土

【答案】1. ×；2. √；3. √；4. D；5. B；6. C；7. A；8. B；9. B；10. ABC；11. ABC；12. ABCE

第三节　材料按验收批进场验收与按检验批复验及记录

考点43：材料的进场验收 ★●

教材点睛　教材 P206～P209

1. **验收流程**【图 6-1，P206】
2. **验收准备**：包括场地和设施的准备、苫垫物品的准备、计量器具的准备、有关资料的准备。
3. **文字材料核对与检查**：有凭证核对、质量保证资料检查，质量保证资料检查内容有生产许可证（或使用许可证）、产品合格证、质量证明书（或质量试验报告）。
4. **外观质量验收**【表 6-143，P207-P209】
5. **数量验收**：验收方法可采取点数、检斤、检尺。钢筋验收采用磅房检斤和现场复磅检斤差不超过±3‰，按供应磅单结算，超过±3‰按现场复磅数结算。双方有争议者，可采用第三方复磅。

巩固练习

1.【判断题】安全网进场外观质量检查的项目有重量、结扣、原材、资质等。（   ）

2.【判断题】进口材料设备应按照国家有关规定进行报关、商检、检疫后,进行质量验证。( )

3.【单选题】材料按验收批进场验收准备不包括( )。
A. 场地和设施　　　　　　　　B. 苫垫物品
C. 计量器具　　　　　　　　　D. 货款

4.【单选题】材料批进场验收文字材料核对与检查内容是( )。
A. 采购合同　　　　　　　　　B. 采购协议
C. 身份信息　　　　　　　　　D. 凭证核对、质量保证资料

5.【单选题】材料进场数量验收的方法不包括( )。
A. 检车　　　　　　　　　　　B. 检斤
C. 检尺　　　　　　　　　　　D. 点数

6.【多选题】外观质量验收主要是检验材料的( )等。
A. 包装　　　　　　　　　　　B. 型号
C. 颜色　　　　　　　　　　　D. 规格
E. 方正及完整

【答案】1.√;2.√;3. D;4. D;5. A;6. BCDE

考点44:材料的复验 ★●

> **教材点睛** 教材 P209~P211

1. 需复验的情形:按规定要求的、标志不清或对质量有怀疑的、与合同规定不符的、需要跟踪质量的、进口的材料、重要工程或关键施工部位的材料等。

2. 主要材料进场复验项目于组批、取样【见表6-144,P212-P216】

3. 建筑材料复验取样的原则

(1) 同厂家生产的同品种、同类型、同生产批次的进场材料,应按规范要求的代表数量确定取样批次,抽取样品进行复试。

(2) 实行有见证取样和送检制度。见证取样和送检次数不得少于试验总次数的30%,试验总次数在10次以下的不得少于2次。

(3) 每项工程的取样和送检见证人,由该工程的建设单位书面授权,工程现场的建设单位或监理人员1~2名担任。见证人应具备与工作相适应的专业知识见证人及送检单位对试样的代表性、真实性负有法定责任。

(4) 试验单位在接受委托试验任务时,须由送检单位填写委托单,委托单上要设置见证人签名栏。委托单必须与同一委托试验的其他原始资料一并由试验单位存档。

4. 复验结果处理:出现不合格项目及时向主管领导报告,影响结构安全的应在24h内报告;对试验报告有异议时,可委托法定检测机构进行抽检;需重新取样复试时,复试试件编号应与初试时相同,并标注"复试"加以区别。

5. 主要材料复验内容及要求【P209-P211】

巩固练习

1. 【判断题】进口的材料、重要工程或关键施工部位的材料要进行进场复验。（   ）
2. 【判断题】影响结构安全的不合格建筑材料应在48h内报告。（   ）
3. 【判断题】用于承重墙的砖和混凝土小型砌块必须见证取样和送检。（   ）
4. 【单选题】水泥出厂超过（   ）个月时，应进行复验，并按复验结果使用。
   A. 1 B. 2
   C. 3 D. 4
5. 【单选题】必须实施见证取样和送检的试块、试件和材料不包括（   ）。
   A. 用于承重结构的混凝土试块、砌筑砂浆试块
   B. 用于承重结构的钢筋
   C. 用于抹灰砂浆中的塑化剂
   D. 用于道路路基及面层的材料或试件
6. 【单选题】需要见证取样复验的材料，见证取样和送检次数不得少于试验总次数（   ）。
   A. 50% B. 40%
   C. 30% D. 20%
7. 【单选题】属于水泥复验项目的是（   ）。
   A. 安定性 B. 凝结时间
   C. 用水量 D. 流动度
8. 【单选题】同厂家、同炉号、同批次进场的钢筋，每抽检批重量不大于（   ）。
   A. 100t B. 80t
   C. 60t D. 50t
9. 【单选题】装饰装修用人造木板及胶粘剂进场复验项目是（   ）。
   A. 苯含量 B. 甲醛含量
   C. 氨含量 D. 尿素含量
10. 【多选题】有抗震设防要求的结构的纵向受力钢筋的性能复试应满足设计要求，设计无具体要求时，以下说法正确的有（   ）。
    A. 抗拉强度实测值与强度标准值之比不应小于1.25
    B. 与屈服强度实测值之比不应大于1.3
    C. 抗拉强度与屈服强度实测值之比不应小于1.25
    D. 屈服强度实测值与强度标准值之比不应大于1.3
    E. 钢筋的最大力下总伸长率不应大于9%
11. 【多选题】对于SBS改性沥青防水卷材的复试取样要求说法正确的有（   ）。
    A. 外观质量达到合格
    B. 取样卷材切除距外层卷头2500mm
    C. 距端部300mm处截取3m长卷材为试样
    D. 横向切取长度为800mm的全幅卷材为试样
    E. 取试样2块封扎

12.【多选题】对用于评定的样本容量小于 10 组时，应采用非统计方法评定混凝土强度，其强度按《混凝土强度检验评定标准》GB/T 50107—2010 规定，应同时符合下式（　　）的要求。

A. $mf_{Cu} \geqslant \lambda_3 \cdot f_{Cu,k}$　　　　　　　　B. $mf_{Cu} \leqslant \lambda_3 \cdot f_{Cu,k}$

C. $f_{Cu,min} \leqslant \lambda_4 \cdot f_{Cu,k}$　　　　　　　　D. $f_{Cu,min} \leqslant f_{Cu,k}$

E. $f_{Cu,min} \geqslant \lambda_4 \cdot f_{Cu,k}$

【答案】1.√；2.×；3.√；4.C；5.C；6.C；7.A；8.C；9.B；10.CD；11.ABE；12.AE

第七章 材料的仓储、保管与供应

第一节 材料的仓储管理

考点 45：现场材料仓储保管的基本要求 ★●

> **教材点睛** 教材 P221～P226
>
> **1. 仓库的分类**：按材料种类分：综合性仓库、专业性仓库；按保管条件分：普通仓库、特种仓库；按结构分：封闭式仓库、半封闭式仓库、露天料场；按管理权限分：中心仓库、总库、分库。
>
> **2. 定位和堆码的方法**：① 四号定位法（库号、架号、层号、位号）；② 五五化堆码法。
>
> **3. 材料的标识**：
> （1）**现场存放的物资标识**：要挂牌标识，（即待验，检验合格，检验不合格）。
> （2）**库房存放的物资标识**：要挂卡标识，危险品悬挂警示牌，入库、出库手续完备，做到账、卡、物相符。
> （3）**标识转移记录和可追溯性**：进场时间、数量、供方名称、合格证编号、外观检查结果，单据编号唯一。
>
> **4. 材料的维护保养**：根据材料本身不同的性质，事前采取相应技术措施，保管场所适当；搞好堆码、苫垫及防潮防损；严格控制温、湿度；强化检查；控制材料储存期限；搞好仓库卫生及库区环境卫生。
>
> **5. 材料验收入库程序**：验收准备、核对凭证、检验实物、问题处理、办理入库手续。
>
> **6. 验收中发现问题的处理方法**：① 再验收；② 质量证明或标准与合同不符，及时反映主管部门处理，无证明而超过合同交货期补交的，作逾期交货处理；③ 部分产品质量不符要求的，单独存放妥善保存，作出材料验收记录，交业务部门处理。④ 产品错发的妥善保存，通知对方处理；⑤ 数量大于合同规定的数量，超过部分拒收并拒付该部分的货款，实物应妥善保存。所有重大验收问题，都要让供方复查确认。
>
> **7. 验收及入库要点**：
> （1）填写入库申请单，办理验收。
> （2）开具入库单，索要有效的合格证、质量保证书、出厂检测报告，检验报告加盖红章，两人及以上人员共同参与点验。不合格材料退货在入库单中标注。
> （3）不能入库的材料由仓管员和使用该材料的施工班组指定人员共同参与点验并在送货单上签字。

> **教材点睛** 教材 P221~P226（续）
>
> **8. 材料入库的"六不入"原则**
> ①有送货单而没有实物的；②有实物而没有送货单或发票原件的；③来料与送货单数量、规格、型号不同的；④质监部门不通过的，且没有领导签字同意使用的；⑤没办入库而先领用的；⑥送货单或发票不是原件的。

巩固练习

1. 【判断题】材料堆码应遵循"合理和节约"的原则。　　　　　　　　　　（　　）
2. 【判断题】固体材料燃烧时，可采用干粉灭火器进行灭火。　　　　　　（　　）
3. 【判断题】加工成型的钢筋、铁件要挂标识：名称、规格、数量、使用部位。
   　　　　　　　　　　　　　　　　　　　　　　　　　　　　　　　（　　）
4. 【判断题】仓库设置的基本原则是方便生产，保证安全，便于管理，促进周转。
   　　　　　　　　　　　　　　　　　　　　　　　　　　　　　　　（　　）
5. 【单选题】水泥、镀锌钢管适宜存放在（　　）。
   A. 仓库　　　　　　　　　　　　　B. 库棚
   C. 料场　　　　　　　　　　　　　D. 露天
6. 【单选题】通常将不宜雨淋日晒，而对空气中温度及有害气体反应不敏感的材料存放在（　　）。
   A. 仓库　　　　　　　　　　　　　B. 库棚
   C. 料场　　　　　　　　　　　　　D. 露天
7. 【单选题】材料验收入库正确的工作程序是（　　）。
   A. 验收准备→检验实物→办理入库手续→问题处理
   B. 验收准备→核对凭证→检验实物→问题处理→办理入库手续
   C. 验收准备→核对凭证→检验实物→再验收→办理入库手续→问题处理
   D. 验收准备→检验实物→办理入库手续→问题处理→再验收
8. 【单选题】下列不属于材料入库凭证的是（　　）。
   A. 验收单　　　　　　　　　　　　B. 调拨单
   C. 加工单　　　　　　　　　　　　D. 入库单
9. 【单选题】水泥库属于（　　）。
   A. 综合性仓库　　　　　　　　　　B. 特种仓库
   C. 露天仓库　　　　　　　　　　　D. 地下仓库
10. 【单选题】材料定位与堆码的方法有四号定位和（　　）。
    A. 五五化堆码　　　　　　　　　　B. 六七化堆码
    C. 七七化堆码　　　　　　　　　　D. 五四化堆码
11. 【多选题】仓库按储存材料的种类可以划分为（　　）。
    A. 综合性仓库　　　　　　　　　　B. 专业性仓库
    C. 封闭式仓库　　　　　　　　　　D. 普通仓库

E. 特种仓库

12.【多选题】仓库按保管条件可以划分为(　　)。
A. 综合性仓库　　　　　　　　B. 普通仓库
C. 封闭式仓库　　　　　　　　D. 专业性仓库
E. 特种仓库

13.【多选题】仓库按建筑结构可以划分为(　　)。
A. 普通仓库　　　　　　　　　B. 特种仓库
C. 封闭式仓库　　　　　　　　D. 半封闭式仓库
E. 露天料场

14.【多选题】材料的维护保养工作的具体要求有(　　)。
A. 预防为主,防治结合　　　　B. 安排适当的保管场所
C. 搞好堆码、苫垫及防潮防损　D. 严格控制温、湿度
E. 强化检查

15.【多选题】材料的保管包括(　　)等方面。
A. 材料的验收　　　　　　　　B. 材料的码放
C. 材料的保管场所　　　　　　D. 材料的账务管理
E. 材料的安全消防

16.【多选题】材料堆码应遵循的原则为(　　)。
A. 合理　　　　　　　　　　　B. 牢固
C. 定量　　　　　　　　　　　D. 分区
E. 节约和便捷

17.【多选题】以下属于材料入库的"六不入"原则的有(　　)。
A. 有送货单而没有实物的,不能办入库手续
B. 有实物而没有送货单或发票原件的,不能办入库手续
C. 材料包装损坏的,不能办入库手续
D. 质监部门不通过的,且没有领导签字同意使用的,不能办入库手续
E. 没办入库而先领用的,不能办入库手续

【答案】1. ×;2. ×;3. √;4. √;5. A;6. B;7. B;8. B;9. B;10. A;11. AB;
12. BE;13. CDE;14. BCDE;15. BCE;16. ABCE;17. ABDE

考点46:仓储盘点及账务管理★●

> **教材点睛** 教材 P226~P229

1. 定期盘点:季末或年末盘点。①划区分块;②校正计量工具,印制盘点表,确定截止日期和报表日期;③清理成品、半成品、在线产品;④材料验收入库;⑤代管材料有特殊标志,另列报表。

2. 永续盘点:对库房内每日有变动(增加或减少)的材料,当日复查,核对账、卡、物是否对口。

> **教材点睛** 教材 P226~P229(续)
>
> **3. 数量盈亏处理**：盈亏量超过规定范围在盘点报告中反映，填写盈亏报告单。
> **4. 材料发生损坏、变质、降等级**：填报损报废报告单，鉴定损失金额。
> **5. 库房被盗或遭破坏**：专项报告，按上级最终批示做账务处理。
> **6. 品种规格混串和单价错误**：在查实的基础上，经业务主管审批后按要求进行调整。
> **7. 库存材料一年以上没有发出**：列为积压材料。
> **8. 记账程序**：审核、整理凭证，按规定登记账册、结算金额、编制报表。
> **9. 记账要求**：①记好摘要，保持所记经济业务的完整性。②记账有错误时，在错误文字上划一条红线，上部写正确文字，红线处加盖记账员私章。对活账页应作统一编号，保证材料账页数量完整无缺。③材料账册必须依据编定页数连续登记，不得隔页和跳行。④材料账册必须按照"当日工作当日清"要求及时登账。

考点 47：材料收、发、存台账 ★●

> **教材点睛** 教材 P229~P230
>
> **1. 库房台账**：台账的表头一般包含序号、物料代码、物料名称、物料规格型号、期初库存数量、入库数量、出库数量、经办人、领用人及备注。
> **2. 台账记账依据**：① 材料入库凭证：如验收入库单、加工单等；② 材料出库凭证：如调拨单、借用单、限额领料单、新旧转账单等；③ 盘点、报废、调整凭证。
> **3. 台账的管理要求**
> （1）每次收货、发货都要点数，按数签单据，按单据记卡、记账，包括日期；摘要；收、发、存的数量。
> （2）每次收、发货记账后要进行盘点，物品与卡、账是否一致，不一致要查找原因，纠正错误。
> （3）将记过账的单据按日期分类归档保存。
> （4）每周/每月都要对物品进行盘点，以确保账、物、卡一致。

巩固练习

1. 【判断题】定期盘点指月末对仓库保管的材料进行全面、彻底盘点。　　（　　）
2. 【判断题】永续盘点必须做到当天收发，当天记账和登卡。　　（　　）
3. 【单选题】盘点时的主要工作内容不包括（　　）。
A. 实际库存量和账面结存量进行逐项核对
B. 填写验收入库单
C. 检查安全消防及保管状况
D. 编制盘点报告
4. 【单选题】盘点后若盈亏量超过规定范围时，除在盘点报告中反映外，还应填写（　　）。

163

A. 盈亏调整单 B. 材料出库凭证
C. 材料盘点盈亏报告单 D. 材料报损报废报告单

5.【单选题】库存材料发生损坏、变质、降等级等问题时,填报(   )。

A. 盈亏调整单 B. 材料出库凭证
C. 材料盘点盈亏报告单 D. 材料报损报废报告单

6.【单选题】库存材料(   )年以上没有发出,列为积压材料。

A. 1 B. 2
C. 3 D. 4

7.【单选题】仓库账务记账程序不包括(   )。

A. 整理凭证 B. 审核凭证
C. 登记账册 D. 编制材料收发台账

8.【单选题】库存材料的盘点方法有(   )。

A. 定期盘点法 B. "四包"管理法
C. "四统一"管理法 D. 跟踪管理法

9.【单选题】台账的表头一般不包含(   )。

A. 入库数量 B. 进货人
C. 物料名称 D. 物料规格型号

10.【多选题】定期盘点组织与准备工作主要内容有(   )。

A. 已领未用的材料办理退料手续
B. 划区分块,统一安排盘点范围
C. 校正盘点用计量工具,统一印制盘点表
D. 尚未验收的材料,具备验收条件的,抓紧验收入库
E. 代管材料,应有特殊标志,另列报表

11.【多选题】材料收、发、存台账记账依据有(   )。

A. 出厂合格证 B. 材料入库凭证
C. 材料出库凭证 D. 盘点凭证
E. 调整凭证

【答案】1. ×;2. √;3. B;4. C;5. D;6. A;7. D;8. A;9. B;10. BCDE;11. BCDE

第二节　常用材料的保管

考点48：水泥的现场保管及受潮的处理★●

> **教材点睛** 教材 P231～P232
>
> **1. 进场入库验收**：附有出厂合格证或质量检测报告,检查品种、强度等级、出厂日期,水泥超过规定时间要另行处理;遇有两单位同时到货,应分别码放挂牌标明。水泥入库后进行复检。

> **教材点睛** 教材 P231~P232(续)

2. 仓储保管：仓库地坪高出室外地面 20~30cm，四周墙面有防潮措施。袋装水泥垫高超出地面、四周离墙 30cm，一垛码放 10 袋，最高不得超过 15 袋。

3. 临时存放：露天临时存放，必须设有足够的遮垫措施，做到防水、防雨、防潮。

4. 空间安排：实行先进先出的发放原则，避免因长期积压在不易运出的角落里，从而造成水泥受潮变质。

5. 储存时间：通用硅酸盐水泥出厂超过 3 个月、铝酸盐水泥超过 2 个月、快凝快硬硅酸盐水泥超过 1 个月，应进行复检，并按复检结果使用。

6. 避免混存：避免与石灰、石膏等粒状材料同存，包装如有损坏，应及时更换以免散失。

7. 库房环境：要经常保持清洁，落地灰及时清理、收集、灌装，并应另行收存使用。

8. 受潮水泥的处理：对于受潮水泥可以根据受潮程度，按教材 P234 表 7-6 的方法做适当处理。

考点 49：钢材的现场保管及代换应用 ★●

> **教材点睛** 教材 P232~P234

1. 钢材的现场保管：①按不同的品种、规格分别堆放。②露天存放地势较高平坦的地面，预设排水沟、做好垛底、苫垫。③注明名称、品种、规格、进场日期与数量，标识标明质量状态。

2. 钢材库房存放管理：①清洁干净、排水通畅。②设有通风装置。③不得与有侵蚀性的材料堆放一起。

3. 钢材堆码：①码垛稳固，不同品种的分别码垛；②禁止存放有腐蚀作用的物品；③垛底垫高、坚固、平整；④先进先发；⑤垛面略有倾斜，以利排水；⑥堆垛高度人工作业≤1.2m，机械作业≤1.5m，垛宽≤2.5m；⑦检查通道宽 0.5m，出入通道 1.5~2.0m。

4. 代换的原则

(1) 当构件受承载力控制时，可按强度相等原则进行代换。

(2) 当构件按最小配筋率配筋时，可按截面面积相等原则进行代换。

(3) 当构件受裂缝宽度或挠度控制时，代换后应进行构件裂缝宽度或挠度验算。

考点 50：其他材料的仓储保管 ★●

> **教材点睛** 教材 P234~P239

1. 木材：要设遮阳防雨设施，通风好，清除腐木、杂草和污物。

> **教材点睛** 教材 P234~P239（续）
>
> **2. 砂、石料**：存放场地要砌筑围护墙，地面必须硬化；砂石之间砌筑高度不低于1m的隔墙。
>
> **3. 烧结砖**：应按现场平面布置图码放于垂直运输设备附近。
>
> **4. 混凝土构件**：分层分段配套码放在吊车的悬臂回转半径范围以内，垫木规格一致且位置上下对齐。
>
> **5. 门窗**：存放时间短的可露天存放，存放时间长的存放在仓库内或棚内，验收后挂牌。
>
> **6. 易破损物品**：尽可能在原包装状态下实施搬运和装卸作业；不使用带有滚轮的贮物架；搬运时适当捆绑；严格限制摆放的高度；明显标识其易损的特性。
>
> **7. 易燃易爆物品**：按照分区、分类、分段、专仓专储，有隔热、降温、防爆型通排风装置；库房保持通风，设置明显"严禁烟火"标志；库房周围无杂草和易燃物；库房内配备足够的消防器材；电气设备、开关、灯具、线路必须符合防爆要求；不准穿外露的钉子鞋和易产生静电的化纤衣服进入。
>
> **8. 玻璃**：①按规格、等级分类堆放。②使箱盖向上，立放紧靠，木箱四角用木条钉牢。③露天堆放时，必须垫高，离地约20~30cm，用帆布盖好。④受潮发霉后可以用棉花蘸煤油、酒精、丙酮揩擦。
>
> **9. 常用施工设备的保管场具备的条件**：①地面平坦、坚实，视存料情况，每平方米承载力应达3~5t。②有固定的道路，便于装卸作业。③设有排水沟，不应有积水、杂草污物。

巩固练习

1. 【判断题】水泥决不允许露天存放。　　　　　　　　　　　　　　　　　　（　）
2. 【判断题】水泥的储存期自到达仓库算起，通用硅酸盐水泥出厂超过3个月，应进行复检。　　　　　　　　　　　　　　　　　　　　　　　　　　　　　（　）
3. 【判断题】施工过程中严禁使用受潮水泥。　　　　　　　　　　　　　　　（　）
4. 【判断题】钢材决不允许露天存放。　　　　　　　　　　　　　　　　　　（　）
5. 【判断题】施工现场应由专人负责建筑钢材的储存保管与发料。　　　　　　（　）
6. 【判断题】凡重要结构中的钢筋代换，应征得监理单位同意。　　　　　　　（　）
7. 【判断题】对于某些重要构件，不宜用光圆热轧钢筋代替HRB335级带肋钢筋。　　　　　　　　　　　　　　　　　　　　　　　　　　　　　　　　　（　）
8. 【判断题】当构件受裂缝宽度控制时，可不进行构件裂缝宽度验算。　　　　（　）
9. 【判断题】装饰材料价值较高，易损、易坏、易丢，应放入库内由专人保管，以防丢失。　　　　　　　　　　　　　　　　　　　　　　　　　　　　　（　）
10. 【判断题】由于砂、石等材料堆积体积庞大，为了不影响施工，应离现场远一些堆放。　　　　　　　　　　　　　　　　　　　　　　　　　　　　　　（　）
11. 【判断题】同时存砂和石时，砂石之间必须分开且距离不小于1m。　　　　（　）

12.【判断题】烧结砖应根据现场情况码放于施工现场附近,便于使用。（ ）

13.【判断题】钢材现场堆垛高度人工作业的不超过 1.5m,机械作业的不超过 2m,垛宽不小于 0.8m 。（ ）

14.【单选题】钢材中的镀锌板、镀锌管、薄壁电线管最好放入（　　）保管。
A. 仓库 B. 库棚
C. 料场 D. 特殊库房

15.【单选题】钢筋代换后,应满足（　　）要求。
A. 配筋率 B. 强度
C. 稳定性 D. 配筋构造

16.【单选题】偏心受压构件进行钢筋代换时,应按（　　）分别代换。
A. 截面面积 B. 整个截面配筋量
C. 截面承载力 D. 受力面

17.【单选题】不易受自然条件影响的大宗材料,如砂、石料等储存在（　　）。
A. 封闭式仓库 B. 半封闭式仓库
C. 露天料场 D. 特种仓库

18.【多选题】进行水泥现场仓储保管时,正确的做法是（　　）。
A. 注意防水防潮
B. 避免与石灰、石膏以及易飞扬粒状材料同存
C. 袋装水泥应用木料垫高超出地面 10cm
D. 散装水泥储存于专用的水泥罐中
E. 实行先进先出的发放原则

19.【多选题】建筑钢材代换的原则有（　　）。
A. 当构件受承载力控制时,可按强度相等原则进行代换
B. 当构件受承载力控制时,可按截面面积相等原则进行代换
C. 当构件按最小配筋率配筋时,可按截面面积相等原则进行代换
D. 当构件按最小配筋率配筋时,可按强度相等原则进行代换
E. 当构件受裂缝宽度或挠度控制时,代换后应进行相应的验算

20.【多选题】对于木材的现场保管,应做到（　　）。
A. 分等级码放 B. 场地高
C. 露天堆放 D. 通风好
E. 遮阳堆放

21.【多选题】储存保管易破损物品的过程中应注意（　　）。
A. 小心轻放、文明作业 B. 搬运前对物品进行再包装
C. 不使用带有滚轮的贮物架 D. 不与其他物品混放
E. 严格限制摆放高度

22.【多选题】以下不属于料场要具备的条件是（　　）。
A. 地面平坦、坚实 B. 有固定的道路
C. 设有排水沟 D. 设置消防专用道路
E. 场地要达到一定规模

23.【多选题】以下属于高分子材料防老化的防护措施的有( )。
A. 避免经常搬运,选择室外储存
B. 避免疲劳老化,折叠叠放
C. 做好防潮、防雨措施
D. 为避免直接暴露于大气中,可采用浸水存放措施
E. 可密封储存

【答案】1. ×;2. ×;3. ×;4. ×;5. √;6. ×;7. √;8. √;9. ×;10. ×;11. ×;12. ×;13. ×;14. A;15. D;16. D;17. C;18. ABDE;19. ACE;20. ABDE;21. ACDE;22. ABC;23. CE

第三节 材料的使用管理

考点51:材料领发的要求、依据、程序及常用方法★●

> **教材点睛** 教材 P239~P242
>
> 1. **现场材料发放的要求**:材料发放应遵循先进先出、及时、准确的原则。
> 2. **现场材料发放依据**:班组作业计划、限额领料单、暂设用料申请单、调拨单、主管领导批准的用料计划。
> 3. **现场材料发放程序**:发放准备、限额领料单下达到班组、核对凭证发放、清理。
> 4. **现场材料发放方法**:计量检测,凭限额领料单、使用方案等办理领发料手续。
> 5. **现场材料发放注意问题**:熟悉施工生产;配备计量器具;严格定额用料制度;装修材料按计划配套发放。

考点52:材料的耗用★●

> **教材点睛** 教材 P243~P244
>
> 1. **材料耗用的依据**:一种是领料单或领料小票;另一种是材料调拨单。
> 2. **材料耗用的程序**:
> (1) 工程材料耗用:按实际工程进度确定实际材料耗用量并如实记入材料耗用台账。
> (2) 暂设材料耗用:按项目经理提出的用料凭证进行核算后,与领料单核实,计算出材料耗用量。
> (3) 行政公共设施材料:根据用料计划进行发料,一律以外调材料形式进行材料耗用,并单独记入台账。
> (4) 调拨材料耗用:不管内调或外调都应将材料耗用记入台账。
> (5) 施工组织材料耗用:施工过程中发生多领材料或剩余材料,及时办理退料手续或补办手续。

> **教材点睛** 教材 P243~P244(续)
>
> **3. 材料耗用的方法:**
> (1) 大堆材料:一是定额材料耗用,二是进料划拨方法,结合盘点进行材料耗用。
> (2) 主要材料:根据工程进度计算实际材料耗用量。
> (3) 成品及半成品:按进度、部位材料耗用,或按配料单或加工单计算。

巩固练习

1.【判断题】水泥的发放,应根据限额领料单签发的工程量、材料的规格、型号及定额数量进行发放。( )

2.【判断题】现场材料发放应遵循先进先出、及时、准确的原则。( )

3.【判断题】混凝土构件、门窗等材料,发放时依据限额领料单及工程进度,办理领发手续。( )

4.【单选题】现场材料发放依据不包括( )。
A. 主管领导批准的用料计划　　B. 调拨单
C. 限额领料单　　D. 暂设用料估算单

5.【单选题】现场材料发放程序不包括( )。
A. 发放准备　　B. 与主管工长核实规格
C. 限额领料单下达到班组　　D. 核对凭证发放

6.【单选题】现场材料发放时做法错误的是( )。
A. 按计划配套发放　　B. 配备计量器具
C. 严格执行定额用料制度　　D. 无条件满足班组要求

7.【单选题】材料耗用的依据不包括( )。
A. 验收单　　B. 领料单
C. 领料小票　　D. 材料调拨单

8.【单选题】工程用料发放,包括大堆材料、主要材料、成品及半成品材料,必须以( )作为发料依据。
A. 工程暂供用料单　　B. 工程暂设用料申请单
C. 材料调拨单　　D. 限额领料单

9.【单选题】大堆材料,如砖、瓦、灰、砂、石等材料,大多采用( )存放。
A. 库房　　B. 库棚
C. 露天　　D. 料场

10.【多选题】材料发放应遵循的原则为( )。
A. 先进先出　　B. 及时、准确
C. 面向生产、为生产服务　　D. 保证生产正常进行
E. 后进先出

11.【多选题】下述材料耗用计算方法正确的有( )。
A. 大堆材料实行工程量清单材料耗用

B. 水泥根据逐日登记的水泥发放记录累计计算耗用量
C. 半成品按工程进度、工程部位计算材料耗用
D. 半成品以当月进度按半成品配料单计算耗用
E. 大堆材料采取进料划拨方法，结合盘点进行材料耗用

【答案】1.×；2.√；3.√；4.D；5.B；6.D；7.A；8.D；9.C；10.ABCD；11.BCDE

考点53：限额领料的方法 ★●

> **教材点睛** 教材P244～P246
>
> **1. 限额领料的方式**：分项工程限额领料、分层分段限额领料、分部限额领料、单位工程限额领料。
>
> **2. 限额领料的依据**：材料消耗定额，材料使用者承担的工程量或工作量及施工中必须采取的技术措施。
>
> **3. 限额领料的实施操作程序**：限额领料单签发→下达→应用→检查→验收→核算→分析。
>
> **4. 材料领用的其他方法**：
>
> （1）结构施工阶段：①与分包或加工班组签订钢筋加工协议，将钢筋的加工损耗给加工班组或分包单位。加工后，根据损耗情况实行奖罚；②按图纸上算出的混凝土工程量与混凝土供应单位进行结算，这种办法可控制混凝土在供应过程中的亏量；③确定模板及转料具周转次数和损耗量与分包单位或班组签订包保合同；④在领料时，由工程主管人员签字后，材料部门方可发料。
>
> （2）装饰施工阶段：采取"样板间控制法"。根据所测的材料实际使用数量和合理损耗，可以房间或分项工程为单位，编制装饰工程阶段的材料消耗定额。根据工程部门签发的施工任务书，进行限额领料。

巩固练习

1.【判断题】限额领料是依据材料预算定额，有限制地供应材料的一种方法。（ ）

2.【判断题】材料现场使用监督提倡管理监督和自我监督相结合，以降低消耗为目标。（ ）

3.【单选题】以下不属于材料使用监督的内容的是（　　）。
A. 监督材料在使用中是否按照材料的使用说明和材料做法的规定操作
B. 监督材料在使用中是否按技术部门制定的施工方案和工艺进行
C. 监督材料在使用中操作人员是否做到工完场清、活完脚下清
D. 监督材料在使用中是否按技术部门制定的节约措施执行

4.【多选题】限额领料的方式有（　　）。
A. 按分部工程限额领料
B. 按分项工程限额领料
C. 按分层分段限额领料
D. 按工程部位限额领料
E. 接单位工程限额领料

5.【多选题】限额领料的依据有（　　）。
   A. 材料的预算定额
   B. 材料的消超定额
   C. 材料的库存数量
   D. 材料使用者承担的工程量
   E. 必须采取的技术措施

6.【多选题】随着项目法施工的不断完善，许多企业和项目开展了不同形式的控制材料消耗的方法，有（　　）。
   A. 包工包料
   B. 与分包签订包保合同
   C. 定额供应
   D. 包干使用
   E. 样板间控制

【答案】1. ×；2. ×；3. D；4. BCDE；5. BDE；6. ABCD

第四节　现场机具设备和周转材料管理

考点54：现场机具设备的管理 ★●

> **教材点睛**　教材 P247～P254
>
> **1. 机具设备的分类**：按价值和使用期划分有固定资产机具设备、低值易耗机具、消耗性机具；按使用范围划分为专用机具和通用机具两类；按使用方式和保管范围划分可分为个人随手机具和班组共用机具两类。
>
> **2. 机具设备管理的内容**：储存管理、发放管理、使用管理。
>
> **3. 设备租赁管理方法工作步骤**：建立正式的设备租赁机构、测算租赁单价、签订租赁协议或合同、租赁期满填写租金及赔偿结算单。
>
> **4. 租赁单价或日租金额计算**：日租金(元)＝(设备的原值＋采购、维修、管理费)/使用天数
>
> **5. 定包管理设备范围**：是除固定资产设备及随手设备以外的所有设备。实行定包设备的所有权属于企业。
>
> **6. 定包管理方法工作步骤**：指定专人负责→测定设备费定额→确定班组月度定包设备费收入→向班组发放设备→班组设立兼职设备员负责保管设备→班组定包设备费的支出与结算→机具设备节约奖励。
>
> **7. 外包队使用机具设备的管理方法**：凡外包队使用企业机具设备者，均不得无偿使用，一律执行购买和租赁的办法；对外包队一律按进场时申报的工种颁发机具设备费；外包队使用企业设备的支出，采取预扣设备款的方法，并将此项内容列入设备承包合同。
>
> **8. 机具设备津贴管理**：施工企业的瓦工、木工、抹灰工等专业工种使用的随手工具，由个人自备，企业按实际作业的工日发给设备管理费的管理方法。

> 巩固练习

1. 【判断题】机具管理的实质是使用过程中的管理，是在保证适用的基础上延长机具的使用寿命。（ ）
2. 【判断题】外包队使用企业工具为有偿使用，一律应实行购买和租赁的办法。（ ）
3. 【判断题】所有的材料工具都要用租赁的方式管理。（ ）
4. 【判断题】零星机具可按定额规定使用期限，由班组保管，丢失赔偿。（ ）
5. 【判断题】工具发放管理要坚持"交旧领新""交旧换新"和"修旧利废"等行之有效的制度。（ ）
6. 【单选题】测量用的水准仪属于（ ）。
   A. 固定资产设备　　　　　　　　B. 通用机具
   C. 低值易耗机具　　　　　　　　D. 消耗性机具
7. 【单选题】机具设备的发放管理中应坚持的制度不包括（ ）。
   A. 交旧领新　　　　　　　　　　B. 交旧换新
   C. 按量归还　　　　　　　　　　D. 修旧利废
8. 【单选题】下列选项中，不属于机具设备管理任务的是（ ）。
   A. 向施工班组提供优良、适用的工具，推广和采用先进工具，保证施工生产，提高劳动效率
   B. 采取有效的管理办法，加速工具的周转，延长工具使用寿命，最大限度地发挥工具效能
   C. 做好工具的收、发、保管和维护、维修工作
   D. 根据不同工具的特点建立相应的管理制度和办法加速周转，以较少的投入发挥尽可能大的效能
9. 【单选题】测算租赁单价时，采购、维修、管理费按设备原值的一定比例技术，一般为原值的（ ）。
   A. 1%～2%　　　　　　　　　　B. 2%～3%
   C. 3%～4%　　　　　　　　　　D. 4%～5%
10. 【单选题】下列选项中，不属于机具设备的管理方法的是（ ）。
    A. 租赁管理　　　　　　　　　　B. 包干管理
    C. 机具设备津贴管理　　　　　　D. 临时借用管理
11. 【多选题】按机具设备的价值和使用期划分，机具设备可分为（ ）。
    A. 固定资产设备　　　　　　　　B. 专用机具
    C. 通用机具　　　　　　　　　　D. 低值易耗机具
    E. 消耗性机具
12. 【多选题】下列选项中，属于低值易耗工具的是（ ）。
    A. 手电钻　　　　　　　　　　　B. 灰桶
    C. 扳子　　　　　　　　　　　　D. 锯片
    E. 千斤顶

13. 【多选题】工具按价值和使用期限分类，可分为( )。
   A. 固定资产工具 B. 个人随手工具
   C. 低值易耗工具 D. 消耗性工具
   E. 班组共用工具

14. 【多选题】下列选项中，属于班组内共同使用的机具的是( )。
   A. 水管 B. 胶轮车
   C. 搅灰盘 D. 水桶
   E. 磅秤

15. 【多选题】实行班组工具定包管理，需做的工作有( )。
   A. 实行定包的设备，所有权属于企业
   B. 测定各工种的设备费定额
   C. 确定班组月度定包设备费收入
   D. 班组定包工具费的支出与结算
   E. 班组需设立专职设备员，负责保管设备，督促组内成员爱护工具和记载保管手册

16. 【多选题】机具设备管理的主要任务有( )。
   A. 向施工班组提供优良、适用的工具，推广和采用先进工具，保证施工生产，提高劳动效率
   B. 采取有效的管理办法，加速工具的周转，延长工具使用寿命，最大限度地发挥工具效能
   C. 做好工具的收、发、保管和维护、维修工作
   D. 根据不同工具的特点建立相应的管理制度和办法加速周转，以较少的投入发挥尽可能大的效能
   E. 合理运用施工机具设备，提高企业经济效益

【答案】1.√；2.√；3.×；4.×；5.√；6. A；7. C；8. D；9. A；10. B；11. ADE；12. ABC；13. ACD；14. BD；15. ABCD；16. ABC

考点 55：周转材料的管理★●

教材点睛　教材 P254～P266

1. 周转材料管理的内容：使用管理、养护管理、维修管理、改制管理、核算管理。
2. 周转材料费用测算：日租金＝(月摊销费＋管理费＋保养费)÷月度日历天数
3. 租赁合同的内容：租赁的品种、规格、数量，附有租用品明细表；租用的起止日期、租用费用以及租金结算方式；规定使用要求、质量验收标准和赔偿办法；双方的责任和义务；违约责任的追究和处理。
4. 对退库周转材料赔偿标准确定：对丢失或严重损坏（指不可修复的）按原值的 50%赔偿；一般性损坏（指可修复的）按原值的 30%赔偿；轻微损坏（不需使用机械，仅用手工即可修复的）按原值的 10%赔偿。

教材点睛 教材 P254~P266(续)

5. 租金的结算：期限一般自提运的次日起至退租之日止，租金按日历天数考核，逐日计取，按月结算。租用单位实际支付的租赁费用包括租金和赔偿费两项。

6. 租赁费用＝Σ(租用数量×相应日租金×租用天数＋丢失损坏数量×相应原值×相应赔偿率)

7. 周转材料承包费用的收入

扣额法费用收入＝预算费用收入×(1－成本降低率％)

加额法费用收入＝施工方案确定的费用收入×(1＋平均耗费系数)

平均耗费系数＝(实际耗用量－定额耗用量)/实际耗用量

8. 费用承包管理的内容：签订承包协议、承包额的分析。

9. 提高周转材料承包经济效果的基本途径：提高周转次数、减少占用量。

10. 组合钢模板的管理形式：签订租赁合同、确定管理部门、核定租赁标准、确定使用中的责任、奖惩办法的制定。

11. 木模板的管理："四统一"管理是统一管理、统一配料、统一制作、统一回收。"四包"管理法是由施工班组包制作、包安装、包拆除、包回收。

12. 脚手架料的管理：①严格清点进出场的数量及质量检查、维修和保养。②应检查扣件产品合格证，并进行抽样复试。③分规格堆放整齐，合理保管。④交班组使用时，办清交接手续。⑤设置专用台账进行管理，督促班组合理使用。⑥凡质量不符合使用要求的脚手架料及扣件，必须经检验后报废，不准混堆。⑦拆架要及时，不需继续使用的，及时办理退租手续。

巩固练习

1. 【判断题】周转材料是指非一次性消耗的材料。   (   )
2. 【判断题】固定资产设备是指使用年限 3 年以上的机具设备。   (   )
3. 【单选题】下列选项不属于周转材料按材质属性划分的是(   )。
   A. 钢制品   B. 木制品
   C. 塑料制品   D. 胶合板
4. 【单选题】下列属于混凝土工程用周转材料的是(   )。
   A. 钢模板、木模板   B. 脚手架、跳板
   C. 安全网、挡土板   D. 钢模板、胶合板
5. 【单选题】下列选项中，不属于周转材料按用途划分的是(   )。
   A. 模板   B. 挡板
   C. 安全网   D. 架料
6. 【单选题】主要反映周转材料投入和使用的经济效果及其摊销状况的核算是(   )。
   A. 会计核算   B. 统计核算
   C. 业务核算   D. 会计业务核算

7.【单选题】统计核算主要反映数量规模、使用状况和使用趋势，它是(   )。
　A. 资金的核算　　　　　　　　　B. 数量的核算
　C. 货币的核算　　　　　　　　　D. 既有资金的核算，也有数量的核算

8.【单选题】下列选项中，不属于周转材料按使用对象分类的是(   )。
　A. 混凝土工程用周转材料　　　　B. 结构及装修工程用周转材料
　C. 安全防护用周转材料　　　　　D. 钢制品

9.【单选题】业务核算是材料部门根据实际需要和业务特点而进行的核算，它是(   )。
　A. 资金的核算　　　　　　　　　B. 数量的核算
　C. 货币的核算　　　　　　　　　D. 既有资金的核算，也有数量的核算

10.【单选题】下列不属于周转材料的管理方法的是(   )。
　A. 租赁管理　　　　　　　　　　B. 费用承包管理
　C. 数量管理　　　　　　　　　　D. 实物量承包管理

11.【单选题】下列选项中，不属于租赁管理的内容的是(   )。
　A. 周转材料费用的测算　　　　　B. 签订租赁合同
　C. 考核租赁效果　　　　　　　　D. 结算

12.【单选题】下列选项中，不属于租赁管理方法的是(   )。
　A. 周转材料的租用　　　　　　　B. 租赁效果考核
　C. 周转材料的验收和赔偿　　　　D. 结算

13.【单选题】租赁中的管理费和保养费均按周转材料原值的一定比例计取，一般不超过原值的(   )。
　A. 2%　　　　　　　　　　　　　B. 3%
　C. 4%　　　　　　　　　　　　　D. 5%

14.【单选题】租赁部门应对退库周转材料进行外观质量验收。如有丢失损坏应由租用单位赔偿。对丢失或严重损坏的按原值的(   )赔偿。
　A. 50%　　　　　　　　　　　　B. 40%
　C. 30%　　　　　　　　　　　　D. 20%

15.【单选题】周转材料的实物量承包管理定包数量的确定中，模板用量确定的定额损耗率一般不超过计划用量的(   )。
　A. 1%　　　　　　　　　　　　　B. 2%
　C. 3%　　　　　　　　　　　　　D. 4%

16.【单选题】关于周转材料的租赁、费用承包和实物量承包三者之间的关系，说法不正确的是(   )。
　A. 实行费用承包是工区或施工队对单位工程或承包标段所进行的费用控制和管理
　B. 实行租赁办法是企业对工区或施工队所进行的费用控制和管理
　C. 实行实物量承包是单位工程或承包标段对使用班组所进行的数量控制和管理
　D. 实行租赁办法是工区或施工队对单位工程或承包标段所进行的费用控制和管理

17.【单选题】下列选项中，不属于木模板的管理形式的是(   )。
　A."四统一"管理法　　　　　　　B."四包"管理法

C. 集中管理法　　　　　　　　D. 模板专业队管理法

18. 【单选题】下列对于周转材料采用一次摊销法摊销与核算的说法错误的是（　　）。

A. 会计核算简便，利于周转材料管理

B. 周转材料价值全部转入工程成本中但实物仍然存在

C. 产生账外资产

D. 周转材料的价值管理与实物管理脱节

19. 【多选题】周转材料的管理方法有（　　）。

A. 租赁管理　　　　　　　　B. 费用承包管理

C. 数量管理　　　　　　　　D. 预算定额管理

E. 实物量承包管理

20. 【多选题】下列属于租赁管理内容的有（　　）。

A. 周转材料费用的测算　　　B. 签订租赁合同

C. 考核租赁效果　　　　　　D. 结算

E. 周转材料的验收和赔偿

21. 【多选题】木模板管理中的"四包"管理是指（　　）。

A. 包制作　　　　　　　　　B. 包维修

C. 包回收　　　　　　　　　D. 包拆除

E. 包安装

22. 【多选题】组合钢模板的特点有（　　）。

A. 接缝严密　　　　　　　　B. 灵活

C. 自重轻　　　　　　　　　D. 搬运方便

E. 专业性强

23. 【多选题】木模板的管理形式有（　　）。

A. "四统一"管理法　　　　　B. "四包"管理法

C. 集中管理法　　　　　　　D. 模板专业队管理法

E. 循环管理法

【答案】1. ×；2. ×；3. C；4. A；5. C；6. A；7. B；8. D；9. D；10. C；11. D；12. B；13. A；14. A；15. A；16. D；17. C；18. A；19. ABE；20. ABC；21. ACDE；22. ABCD；23. ABD

第八章 材料、设备的成本核算

第一节 工程费用、成本及核算

考点 56：工程费用的组成 ★●

教材点睛 教材 P267～P269

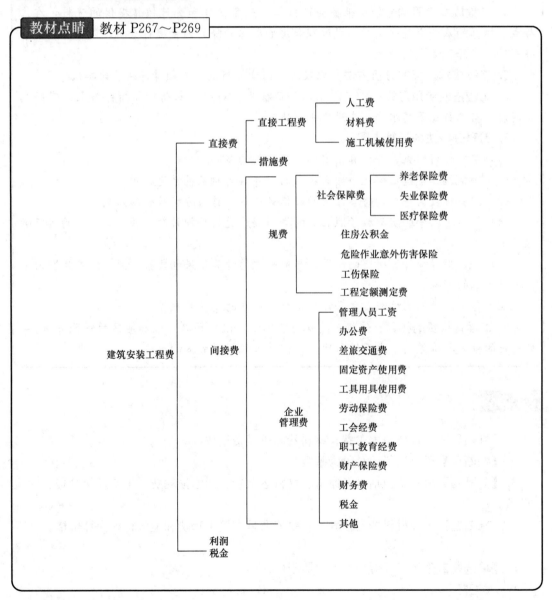

考点 57：工程成本的分析及核算 ★●

> **教材点睛** 教材 P269~P272
>
> **1. 成本的类型**：按成本属性和特征分为固定成本、变动成本、总成本、边际成本。
>
> **2. 工程成本核算的依据**：会计核算、业务核算、统计核算。
>
> **3. 工程成本的核算方法**：工程成本三种表现形式：预算成本、计划成本和实际成本。工程成本核算：实际成本同预算成本比较、工程实际成本同计划成本比较。预算成本、计划成本均从工程成本总额和成本项目两方面考核。
>
> **4. 工程成本核算的分析**：根据会计核算、业务核算和统计核算提供的资料，在工程成本核算的基础上进一步对形成过程和影响成本升降的因素进行分析，以及时纠偏和寻求进一步降低成本的途径。
>
> **5. 工程成本核算的分析方法**：比较法、因素分析法、差额计算法、比率法等。
>
> **6. 比较法的应用形式**：将实际指标与目标指标对比；本期实际指标与上期实际指标对比；与本行业平均水平、先进水平对比。
>
> **7. 因素分析法的计算步骤**：
> （1）确定分析对象，并计算出实际与目标数的差异。
> （2）确定该指标是由哪几个因素组成的，并按其相互关系进行排序。
> （3）以目标数为基础，将各因素的目标数相乘，作为分析替代的基数。
> （4）将各个因素的实际数按照上面的排列顺序进行替换计算，并将替换后的实际数保留下来。
> （5）将每次替换计算所得的结果，与前一次的计算结果相比较，两者的差异即为该因素对成本的影响程度。
> （6）各个因素的影响程度之和，应与分析对象的总差异相等。
>
> **8. 工程材料费的核算**：依据是建筑安装工程（概）预算定额和地区材料预算价格，从材料的量差与价差两个方面进行比较，核算工程材料成本的盈亏。

巩固练习

1.【判断题】直接费由人工费、材料费和机械费组成。　　　　　　　　　　（　　）

2.【判断题】税金以税前总价为基数。　　　　　　　　　　　　　　　　（　　）

3.【判断题】材料费包括材料原价、材料运杂费、运输损耗费、采购及保管费、检验试验费。　　　　　　　　　　　　　　　　　　　　　　　　　　　　　　（　　）

4.【判断题】工程材料费的核算，主要依据是直接工程费和地区材料预算价格。
　　　　　　　　　　　　　　　　　　　　　　　　　　　　　　　　（　　）

5.【单选题】生产工人劳动保护费属于(　　)。
A. 人工费　　　　　　　　　　　　B. 材料费
C. 措施费　　　　　　　　　　　　D. 间接费

6.【单选题】为完成工程项目施工，发生于该工程施工前和施工过程中非工程实体项目的费用是( )。
    A. 企业管理费　　　　　　　　B. 直接工程费
    C. 措施费　　　　　　　　　　D. 规费

7.【单选题】以下不属于规费的是( )。
    A. 社会保险费　　　　　　　　B. 住房公积金
    C. 工程定额测定费　　　　　　D. 劳动保险费

8.【单选题】纳税地点在市区的按乘以( )计算。
    A. 3.14%　　　　　　　　　　B. 3.41%
    C. 3.30%　　　　　　　　　　D. 3.35%

9.【单选题】工程成本核算的依据中，可以预测发展趋势的是( )。
    A. 会计核算　　　　　　　　　B. 业务核算
    C. 统计核算　　　　　　　　　D. 年度核算

10.【单选题】可以对个别的经济业务进行单项核算的是( )。
    A. 会计核算　　　　　　　　　B. 业务核算
    C. 统计核算　　　　　　　　　D. 年度核算

11.【单选题】根据构成工程成本的各个要素，按编制施工图预算的方法确定的工程成本是( )。
    A. 预算成本　　　　　　　　　B. 计划成本
    C. 实际成本　　　　　　　　　D. 统计成本

12.【单选题】( )是企业生产耗费在工程上的综合反映，是影响企业经济效益高低的重要因素。
    A. 预算成本　　　　　　　　　B. 计划成本
    C. 实际成本　　　　　　　　　D. 统计成本

13.【单选题】工程材料成本的盈亏主要核算( )。
    A. 量差和价差　　　　　　　　B. 采购费和储存费
    C. 运输费和采购费　　　　　　D. 仓储费和损耗费

14.【多选题】工程成本核算的分析方法有( )。
    A. 比较法　　　　　　　　　　B. 因素分析法
    C. 差额计算法　　　　　　　　D. 比率法
    E. 指标分析法

15.【多选题】工程成本按其在成本管理中的作用的表现形式有( )。
    A. 材料成本　　　　　　　　　B. 预算成本
    C. 实际成本　　　　　　　　　D. 计划成本
    E. 分项成本

16.【多选题】工程成本核算分析的比较法的应用，通常有( )。
    A. 实际指标与平均指标对比　　B. 实际指标与目标指标对比
    C. 本期实际指标与上期实际指标对比　D. 与本行业平均水平、先进水平对比
    E. 与同期平均水平对比

【答案】1. ×；2. √；3. √；4. ×；5. A；6. C；7. D；8. A；9. C；10. B；11. A；12. C；13. A；14. ABCD；15. BCD；16. BCD

第二节 材料、设备核算的内容及方法

考点58：材料、设备的采购核算★●

> **教材点睛** 教材 P273~P274
>
> **1. 材料采购实际价格**：由材料原价、供销部门手续费、包装费、运杂费、采购保管费构成。计算方法有先进先出法、加权平均法。
> **2. 材料预算价格组成**：材料原价、供销部门手续费、包装费、运杂费、采购及保管费。
> **3. 材料采购成本的核算**：
> 材料采购成本降低（超耗）额＝材料采购预算成本－材料采购实际成本
> 材料采购成本降低（超耗）率＝（材料采购成本降低（超耗）额÷材料采购预算成本）×100%

考点59：材料、设备的供应、储备、消耗量核算★●

> **教材点睛** 教材 P274~P275
>
> **1. 材料、设备的供应核算**：目的是检查材料的收入执行情况。
> （1）检查材料收入量是否充足：材料供应计划完成率＝（实际收入量÷计划收入量）×100%
> （2）检查材料供应的及时性。
> **2. 材料的储备核算**：目的是防止材料积压或不足，保证生产的需要，加速资金周转。
> （1）储备实物量的核算（周转速度的核算）
> 材料储备对生产的保证天数＝期末库存量÷每日平均材料消耗量
> 材料周转次数＝某种材料年度消耗量÷平均库存量
> 材料周转天数（储备天数）＝平均库存量×全年日历天数÷材料年度消耗量
> （2）储备价值量的核算
> 百万元产值占用材料储备资金＝（定额流动资金中材料储备资金平均数÷年度建安工作量）×100%
> 流动资金中材料资金节约使用额＝（计划周转天数－实际周转天数）×年度材料耗用总额÷360
> **3. 材料的消耗量核算**
> 某种材料节约（超耗）率＝（某种材料节约（超耗）量÷该种材料定额耗用量）×100%
> 某种材料定额耗用量＝Σ（材料消耗定额×实际完成的工程量）
> 材料节约（＋）或超支（－）额＝Σ材料价格×（材料定额耗量－材料实耗量）

> 巩固练习

1. 【判断题】材料的实际价格是按采购过程中所发生的实际成本计算的单价。（ ）
2. 【判断题】检查考核材料供应计划的执行情况，主要是检查材料的收入执行情况。
（ ）
3. 【判断题】核算一项工程使用多种材料的消耗情况时，可以直接相加进行考核。
（ ）
4. 【单选题】通常按实际成本计算价格可采用（ ）方法。
   A. 先进先出法   B. 后进先出法
   C. 预算价格法   D. 成本核算法
5. 【单选题】材料预算价格是（ ）的。
   A. 全国统一   B. 地区性
   C. 企业性   D. 项目自定
6. 【单选题】储备实物量的核算是对实物（ ）的核算。
   A. 期末库存量   B. 平均材料消耗量
   C. 周转速度   D. 综合单价
7. 【多选题】材料预算价格由（ ）组成。
   A. 材料原价   B. 供销部门手续费
   C. 包装费   D. 运杂费
   E. 人工费
8. 【多选题】费用摊销的方法有（ ）。
   A. 分布摊销法   B. 一次摊销法
   C. "五五"摊销法   D. 期限摊销法
   E. 成本摊销法
9. 【多选题】材料部门对材料核算的职责有（ ）。
   A. 对材料采购人员送交的"材料验收单"等凭证及时记账
   B. 对必须发生的材料采购预付款，办理支付业务
   C. 依据"材料出库单"按成本项目分配材料费用
   D. 施工单位领用材料的发出成本，财务部先挂往来账
   E. 对将剩余材料用到其他工程的，财务部必须严格办理材料核销手续

【答案】1. √；2. √；3. ×；4. A；5. B；6. C；7. ABCD；8. BCD；9. ABCD

考点 60：周转材料、工具的核算 ★●

> 教材点睛 教材 P275～P276
>
> 1. **周转材料核算的主要内容**：周转材料的费用收入与支出的差异。
> 2. **周转材料的费用收入**：以施工图为基础，以概（预）算定额为标准，随工程款

> **教材点睛** 教材 P275~P276(续)
>
> 结算而取得的资金收入。
>
> **3. 周转材料的费用支出**：根据施工工程的实际投入量计算。
>
> **4. 费用摊销方法**：一次摊销法、"五五"摊销法、期限摊销法。
>
> (1) 先计算各种周转材料的月摊销额：
>
> 某种周转材料月摊销额＝(该种周转材料采购原价－预计残余价值)÷该种周转材料预计使用年限×12
>
> (2) 然后计算各种周转材料月摊销率：
>
> 某种周转材料月摊销率＝该种周转材料月摊销额÷该种周转材料采购价×100%
>
> (3) 最后计算月度周转材料总摊销额：
>
> 周转材料月摊销额＝Σ(周转材料采购原价×该种周转材料摊销率)

考点 61：财务部门对材料核算的职责★●

> **教材点睛** 教材 P276
>
> **1.** 财务部门对原始凭证，审核无误后，及时记账。
> **2.** 财务部门对必须发生的材料采购预付款，要根据审批后的订货合同、签订的协议，办理支付业务。
> **3.** 按成本项目分配材料费用、分配成本费用。
> **4.** 办理材料核销。

巩固练习

1. 【判断题】周转材料的核算是以价值量核算为主要内容，核算其周转材料的费用收入与支出的差异。　　　　　　　　　　　　　　　　　　　　　　　　　(　　)

2. 【判断题】一次摊销法适用于价值较高、使用期限较长的材料。　　　(　　)

3. 【单选题】周转材料的费用收入是(　　)取得的资金收入。
   A. 租赁费用　　　　　　　　　　B. 计取管理费
   C. 一次性摊销的成本　　　　　　D. 随工程款结算

4. 【单选题】周转材料的费用支出是根据(　　)计算的。
   A. 概算定额　　　　　　　　　　B. 施工预算
   C. 施工图预算　　　　　　　　　D. 施工工程的实际投入量

5. 【单选题】周转材料的费用收入是以(　　)为基础的。
   A. 施工图　　　　　　　　　　　B. 设计图
   C. 概算定额　　　　　　　　　　D. 预算定额

6. 【单选题】周转材料的核算是以(　　)为主要内容，核算其周转材料的费用收入与支出的差异。
   A. 施工图　　　　　　　　　　　B. 概算定额

C. 预算定额 D. 价值量

7.【单选题】适用于与主件配套使用并独立计价的零配件的费用摊销方法是(　　)。
A. 分布摊销法 B. 一次摊销法
C. "五五"摊销法 D. 期限摊销法

8.【单选题】根据使用期限和单价来确定摊销额度的摊销方法是(　　)。
A. 分布摊销法 B. 一次摊销法
C. "五五"摊销法 D. 期限摊销法

9.【单选题】材料费用的"五五"摊销法适用于(　　)的周转材料。
A. 价值偏高，不宜摊销 B. 价值偏低，宜多次摊销
C. 价值偏高，不宜一次摊销 D. 价值偏低，宜一次摊销

10.【多选题】周转材料费用摊销的方法有(　　)。
A. 年限法 B. 余额递减法
C. 期限摊销法 D. "五五"摊销法
E. 一次摊销法

11.【多选题】财务部门对材料核算的职责有(　　)。
A. 分配结算收入 B. 原始凭证审核
C. 根据合同办理支付业务 D. 按成本项目分配材料费用
E. 办理材料核销

【答案】1.√；2.×；3.D；4.D；5.A；6.D；7.B；8.D；9.C；10.CDE；11.BCDE

第三节　材料、设备核算的分析与计算

考点62：按实际成本计价的核算 ★●

> **教材点睛** 教材 P277~P280
>
> 1. **外购材料的核算**：分别按钱货两清、先付款后收料、先收料后付款等三种不同的付款方式核算。
> 2. **自制材料的核算**：主要使用的账户有"生产成本-辅助生产"账户和"原材料"账户。
> 3. **委托加工物资核算**：按委托加工物资合同核算。
> 4. **材料发出单位成本确定**：主要方法有先进先出法和个别计价法两种。
> 5. **发出材料的总分类核算**
> (1) 成本费用分配的原则："谁领用、谁受益、谁承担"。
> (2) 编制发出材料汇总表作为发出材料总分类核算的依据。

考点 63：材料按计划成本计价的核算 ★●

> **教材点睛** 教材 P280~P281
>
> **1. 计划成本计价法下的账户设置：**有"材料采购""原材料""材料成本差异"。
> **2. 计划成本计价法对材料收入的核算：**材料成本差异不需要每笔都进行结转。
> **3. 计划成本计价法下材料发出的核算：**
>
> $$\text{材料成本差异率} = \frac{\text{月初结存材料成本差异} + \text{本月收入材料成本差异}}{\text{月初结存材料计划成本} + \text{本月收入材料计划成本}} \times 100\%$$
>
> 领用材料应负担的成本差异＝领用材料的计划成本×材料成本差异率
> 领用材料的实际成本＝领用材料的计划成本±领用材料应负担的材料成本差异

考点 64：成本核算中的材料费用归集与分配 ★●

> **教材点睛** 教材 P281~P283
>
> **1. 材料费用的归集方法**
> （1）凡直接用于产品生产构成产品实体的原材料，一般分产品领用，直接计入"直接材料成本项目"。
> （2）若是几种产品共同耗用，则用适当的方法分配后计入"直接材料"项目。
> （3）用于生产的辅助材料计入"直接材料"，余额较少，也可简化核算直接计入"制造费用"。
> （4）燃料费用计入"直接材料"成本项目。
> （5）按产品重量、产品体积、产品产量、材料定额耗用量比例或定额成本（定额费用）比例进行分配。
> **2. 材料费用的分配方法：**产量、重量、体积比例分配法；定额消耗量比例分配法；材料定额费用比例法。

考点 65：材料成本差异的核算

> **教材点睛** 教材 P283~P285
>
> **1. 材料成本差异：**用于核算材料的实际成本与计划成本的差异，借方登记实际成本大于计划成本的差异额（超支额），贷方登记实际成本小于计划成本的差异额（节约额）以及已分配的差异额（实际登记时节约用红字，超支用蓝字）。
> **2. 材料成本差异率的计算：**
>
> $$\text{材料成本差异率} = \frac{\text{期初结存材料成本差异} + \text{本期收入材料成本差异}}{\text{期初结存材料计划成本} + \text{本期收入材料计划成本}} \times 100\%$$
>
> 发出材料应负担的成本差异＝发出材料的计划成本×材料成本差异率
> 发出材料的实际成本＝发出材料的计划成本＋发出材料的成本差异

> **教材点睛** 教材 P283~P285(续)
>
> 期末结存材料实际成本＝期初结存材料实际成本＋本期收入材料实际成本－本期发出材料实际成本
>
> **3. 材料收入入库的成本差异计量**：材料入库时，按核定的材料计划成本借记"原材料"科目，按照材料实际成本贷记"材料采购"科目，材料计划成本与实际成本之间差额借记或贷记"材料成本差异"科目，计划成本所包括的内容与实际成本相一致，计划成本在年度内不得随意变更。
>
> **4. 材料发出领用的成本差异计量**：发出领用材料应负担的成本差异应当按月分摊，不得在季末或年末一次计算。发出领用材料应负担的成本差异，除委托外部加工发出材料可按期初成本差异率计算外，应当使用当期的实际差异率。期初成本差异率与本期成本差异率相差不大的，也可以按期初成本差异率计算。计算方法一经确定，不得随意变更。
>
> **5. 材料成本差异的核算**：应设置"材料成本差异"科目进行总分类核算，并按照类别或品种进行明细分类核算，该科目为材料科目的调整科目。结转发出领用材料应负担的成本差异规则是：实际成本大于计划成本的超支额，借记"生产成本""管理费用""其他业务成本"等科目，贷记"材料成本差异"科目；实际成本小于计划成本的节约额做相反的会计分录。材料成本差异的核算主要分为材料成本差异的归集、分配和结转等环节。

巩固练习

1.【判断题】自制材料的核算要使用的账户主要有"生产成本—辅助生产"和"原材料"账户。   (   )
2.【判断题】成本费用分配的原则是"谁领用、谁受益、谁承担"。   (   )
3.【判断题】领用材料应负担的成本差异＝领用材料的计划成本/材料成本差异率。
    (   )
4.【单选题】外购材料的核算方式不包括(   )。
    A. 钱货两清   B. 先付款后收料
    C. 先收料后付款   D. 以货易货
5.【单选题】材料发出单位成本确定的方法是先进先出法、个别计价法(   )。
    A. 计划成本法   B. 先进先出法和个别计价法
    C. 一次摊销法   D. 分布计价法
6.【单选题】计划成本计价法下的账户设置不包括(   )。
    A. 材料采购   B. 原材料
    C. 材料成本差异   D. 材料量差异
7.【单选题】材料费用的归集标准不包括(   )。
    A. 按产品重量比例进行分配   B. 按产品体积比例进行分配
    C. 按产品产量比例进行分配   D. 按产品质量比例进行分配

8.【单选题】凡直接用于产品生产构成产品实体的原材料,直接计入( )项目。
   A. 直接材料   B. 间接材料
   C. 周转材料   D. 固定成本

9.【单选题】燃料费用的分配程序和方法与( )的分配程序与方法基本相同。
   A. 周转材料费用   B. 间接材料费用
   C. 原材料费用   D. 主要材料费用

10.【单选题】材料成本差异核算用于核算材料( )的差异。
   A. 实际成本与预算成本   B. 实际成本与计划成本
   C. 计划成本与预算成本   D. 耗费成本与计划成本

11.【多选题】料费用的分配计算方法有( )。
   A. "五五"摊销法   B. 产量、重量、体积比例分配法
   C. 定额消耗量比例分配法 D. 材料定额费用比例法
   E. 期限摊销法

12.【多选题】材料成本差异的计量,主要反映在材料的( )等环节。
   A. 采购   B. 收入入库
   C. 运输   D. 制造
   E. 发出领用

【答案】1.√;2.√;3.×;4.D;5.B;6.D;7.D;8.A;9.C;10.B;11.BCD;12.BE

第四节　材料、设备采购的经济结算

考点66：材料、设备采购的经济结算 ★●

> **教材点睛**　教材 P285~P292
>
> **1. 材料设备采购的资金管理**
> (1) **品种采购量管理法**:适用于分工明确、采购任务量确定的情况。
> (2) **采购金额管理法**:适用于综合性采购部门。
> (3) **费用指标管理法**:适用于考核控制采购资金。
>
> **2. 材料、设备采购经济结算**
> (1) **经济结算的原则**:恪守信用、履约付款原则,谁的钱进谁的账、由谁支配原则,银行不垫款原则。
> (2) **经济结算的分类**:分为现金结算和转账结算;银行结算和非银行结算;同城结算和异地结算。
>
> **3. 结算的具体要求**:明确结算方式;明确收、付款凭证;明确结算单位。
>
> **4. 企业审核付货和费用主要内容**
> (1) 材料名称、品种、规格和数量是否与实际收料的材料验收单相符。

> **教材点睛** 教材 P285～P292(续)
>
> （2）单价是否符合国家或地方规定的价格，如无规定的，应按合同规定的价格结算。
>
> （3）委托采购和加工单位的运输费用和其他费用，应按照合同规定核付，自交货地点装运到指定目的地运费，一般由委托单位负担。
>
> （4）收、付款凭证和手续是否齐全。
>
> （5）总金额经审核无误，才能通知财务部门付款。
>
> 如发现数量和单价不符、凭证不齐、手续不全等情况，应退回收款单位更正、补齐凭证，补办手续后，才能付款；如托收承付结算的，可以采取部分或全部拒付货款。

巩固练习

1.【判断题】品种采购量管理法：适用分工明确、采购任务量确定的企业或部门。
（   ）

2.【判断题】平均年限法是按固定资产使用年限，将固定资产的折旧按不同比例分摊到各期的方法。（   ）

3.【判断题】项目上通常按个别折旧来计算折旧率，企业通常按分类折旧来计算折旧率。（   ）

4.【单选题】采购金额管理法适用于(   )。
 A. 消耗性材料采购   B. 周转材料采购
 C. 主要材料采购   D. 综合性采购部门

5.【单选题】材料设备采购经济结算的分类不包括(   )。
 A. 现金结算和转账结算   B. 以物抵款结算
 C. 银行结算和非银行结算   D. 同城结算和异地结算

6.【单选题】结算的具体要求不包括(   )。
 A. 明确结算方式   B. 明确结算单位
 C. 明确结算人员   D. 明确收、付款凭证

7.【单选题】同城结算方式不包括(   )。
 A. 现金结算   B. 定额银行本票
 C. 转账支票   D. 现金支票

8.【多选题】材料、设备采购的资金管理方法有(   )。
 A. 直接费用法   B. 成本差异法
 C. 费用指标管理法   D. 采购金额管理法
 E. 品种采购量管理法

9.【多选题】材料设备采购经济结算的原则有(   )。
 A. 恪守信用   B. 履约付款
 C. 谁的钱进谁的账、由谁支配 D. 成本支出最小
 E. 银行不垫款

10.【多选题】建筑企业审核付货和费用的主要内容有(   )。

A. 材料与验收单是否相符

B. 单价符合规定价格

C. 委托采购加工的费用按照合同规定核付

D. 收、付款凭证和手续是否齐全

E. 收付款经办人员

【答案】1.√；2.×；3.√；4.D；5.B；6.C；7.A；8.CDE；9.ABCE；10.ABCD

第九章 现场危险物品及施工余料、废弃物的管理

第一节 危险物品的管理

考点 67：现场危险源的辨识和评价 ★●

> **教材点睛** 教材 P293~P298
>
> **1. 危险源分类**：第一类危险源、第二类危险源。
> **2. 危险源造成的安全事故的主要诱因**：人的因素、物的因素、环境因素、管理因素。
> **3. 危险四个等级**：Ⅰ类，灾难性的；Ⅱ类，危险的；Ⅲ类，临界的；Ⅳ类，安全的。
> **4. 危险源常用的识别方法**：现场调查法、工作任务分析法、专家调查法、安全检查表法等。
> **5. 危险源辨识步骤**：确定因素的分布；确定因素的内容；确定伤害方式；确定伤害途径范围；确定主要危险、危害因素；确定重大危险、危害因素。
> **6. 风险分级评价**：1级不可容许风险、2级重大风险、3级中度风险、4级可容许风险、5级可忽视风险。
> **7. 危险物品分类**：爆炸品；氧化剂；压缩气体液化气体；自燃物品；遇水燃烧物品；易燃液体、固体等。
> **8. 危险源风险控制方法**：第一类采取预测、预防、应急计划和应急救援等，第二类提高设施的可靠性，加强员工的安全意识培养和教育。

考点 68：现场危险物品的管理 ★●

> **教材点睛** 教材 298~P299
>
> **1. 化学品类材料的安全管理**：①掌握其性能、保管方法、应急措施知识。②选择具有相应资质的供方。③容易引起燃烧、爆炸的不混合装运；装运时采取隔热、防潮措施。④定期检查，设防火防泄漏防挥发措施，入库口设警示标牌、提示作业注意事项。⑤分类存放，堆垛之间主要通道有安全距离。⑥气瓶使用时，距离明火 10m 以上；氧气瓶、乙炔瓶套有垫圈和瓶盖，减压器上有安全阀，与乙炔瓶工作间距不小于 5m。
> **2. 现场火灾易发危险源**
> （1）每 100m^2 配备两个 10L 灭火器，大型临时设施总面积超过 1200m^2 的，备有专供消防用的太平桶、积水桶（池）、黄砂池等器材设施。

> **教材点睛** 教材 P298～P299（续）
>
> （2）木工间、油漆间、机具间等每 $25m^2$ 配置一个灭火器；油库、危险品仓库配备足够数量种类的灭火器。
>
> （3）仓库或堆料场内，应根据灭火对象的特性，分组布置酸碱、泡沫、清水、二氧化碳等灭火器。每组灭火器不少于4个，每组灭火器之间的距离不大于30m。

巩固练习

1．【判断题】危险源是指可能导致人员伤害或疾病的根源或状态因素。　　　（　）

2．【判断题】根据危险源在事故发生中释放能量的大小，把危险源分为两大类。

（　）

3．【判断题】第一类危险源决定事故的严重程度。　　　（　）

4．【判断题】大型临时设施总面积超过 $1000m^2$ 的，应备有专供消防用的太平桶、积水桶等器材设施。　　　（　）

5．【判断题】仓库内应设置灭火器，且每组灭火器之间的距离不大于30m。　（　）

6．【单选题】下列属于对第二类危险源的控制方法的是（　）。

A. 个体防护　　　　　　　　　　B. 隔离危险物质

C. 改善作业环境　　　　　　　　D. 应急救援

7．【单选题】一般临时设施区，每 $100m^2$ 配备（　）个10L灭火器。

A. 1　　　　　　　　　　　　　　B. 2

C. 3　　　　　　　　　　　　　　D. 4

8．【单选题】木工间、油漆间、机具间等每（　）m^2 应配置一个合适的灭火器。

A. 10　　　　　　　　　　　　　B. 15

C. 25　　　　　　　　　　　　　D. 50

9．【多选题】危险源常用的识别方法有（　）。

A. 现场调查法　　　　　　　　　B. 工作任务分析法

C. 专家调查法　　　　　　　　　D. 安全操作性研究法

E. 故障树分析法

10．【多选题】乙炔发生器、乙炔瓶、氧气瓶及相关物料的管理正确的是（　）。

A. 应设置专用房间分别存放、专人管理

B. 电石应放在电石库内，不准在潮湿场所和露天存放

C. 乙炔发生器处严禁一切火源

D. 高空焊割不得放在焊割部位的下方，应保持一定的竖直距离

E. 焊接器具不准放在高低架空线路下方或变压器旁

11．【多选题】以下选项中，应安装避雷设施的工程部位及设施有（　）。

A. 易燃物品库房　　　　　　　　B. 脚手架

C. 卷扬机架　　　　　　　　　　D. 在施建筑工程

E. 深基坑

【答案】1. ×；2. ×；3. √；4. ×；5. √；6. C；7. B；8. C；9. ABCE；10. ABCE；11. ABC

第二节 施工余料的管理

考点 69：施工余料的管理与处理 ★●

> **教材点睛** 教材 P299～P302
>
> **1. 施工余料的处置措施**
> （1）与供货商协商，由供货商进行回收。
> （2）变卖处理，处理后的费用冲减原项目工程成本。
> （3）工程竣工后的废旧物资，由公司物资部负责处理。办理过程中，须会同项目经理部有关人员进行定价、定量处理后，所得费用冲减项目材料成本。
>
> **2. 常见剩余材料处理方式**：施工过程中产生的钢筋、模板、木方、混凝土、砂浆、砌块等余料分为有可利用价值和无可利用价值两种，对于有可利用价值的余料应按规格、型号分类堆放，进行回收利用；对于无可利用价值的余料应按规定进行变卖、清理。
>
> **3. 余料的处理应满足职业健康安全、环境保护等方面要求。**
> （1）钢筋余料可用作楼板钢筋的马凳筋、端体模板支顶钢筋、安全防护预埋钢筋、各类预埋件锚固筋等。
> （2）模板、木方余料加工后可用作预留洞口模板、小型材料存放箱、简易木桌、木凳等。模板、木方余料应及时进行回收或清理，避免造成火灾。
> （3）对产生的混凝土余料，严禁随意倾倒，可用于制作混凝土垫块、混凝土预制梁。
> （4）砂浆应随拌随用，砂浆余料应及时清理。
> （5）砌块余料应放到指定位置。

巩固练习

1.【判断题】施工余料应由项目材料部门负责回收和退库，施工余料的处理由项目经理负责。（ ）

2.【判断题】施工余料产生的原因有设计变更和技术原因。（ ）

3.【单选题】由于施工单位技术原因导致产生施工余料，其对策不正确的是（ ）。
A. 做好施工的安全预防　　　　　B. 加强技术交底工作
C. 重视施工图纸会审　　　　　　D. 谨慎编制施工组织设计

4.【单选题】当不具备调拨使用条件，施工余料的处置措施错误的是（ ）。
A. 供货商进行回收
B. 变卖处理
C. 处理后的费用作为奖金发放

D. 处理后的费用冲减原项目工程成本

5.【单选题】下述余料的处理方法不准确的是(　　)。
A. 钢筋余料用作楼板钢筋的马凳筋　　B. 模板、木方余料用作预留洞口模板
C. 混凝土余料制作混凝土垫块　　　　D. 砌块余料作为回填土

6.【单选题】当项目竣工，又无后续工程，剩余物资应(　　)。
A. 经项目经理同意后及时变卖　　　　B. 不得冲减成本
C. 及时清理　　　　　　　　　　　　D. 由公司物资部与项目协商处理

7.【单选题】模板、木方余料的处理错误的是(　　)。
A. 及时收或清理　　　　　　　　　　B. 加工后继续做洞口模板
C. 用于制作材料存放箱或简易桌凳　　D. 及时退货

8.【多选题】余料的处理应满足(　　)等方面要求。
A. 经济型　　　　　　　　　　　　　B. 安全性
C. 适用性　　　　　　　　　　　　　D. 职业健康安全
E. 环境保护

【答案】1. ×；2. √；3. A；4. C；5. D；6. D；7. D；8. DE

第三节　施工废弃物的管理

考点 70：施工废弃物的界定与危害★●

> **教材点睛**　教材 P302～P303
>
> 1. **工程施工废弃物分类**：按照来源分，施工废弃物可分为土地开挖、道路开挖、旧建筑物拆除、建筑施工和建材生产五类。按照可再生和可利用价值分成可直接利用的材料、可作为材料再生或可以用于回收的材料以及没有利用价值的废料。
> 2. **施工废弃物的危害**：一是占用土地存放；二是对水体、大气和土壤造成污染；三是严重影响了市容和环境卫生等。

考点 71：施工废弃物的处理★●

> **教材点睛**　教材 P303～P310
>
> 1. **施工废弃物处理原则**：应遵循减量化、资源化和再生利用原则。
> 2. **垃圾减量化管理措施**：从技术管理、成本管理、制度管理方面控制；实行奖惩、教育培训制度。
> 3. **废混凝土再生利用**：废混凝土按回收方式可分为现场分类回收和场外分类回收。
> 4. **废模板再生利用**：大型钢模板、塑料模板、木模板、废木楞、废木方的利用。
> 5. **废砖瓦再生利用**

> **教材点睛** 教材 P303～P310（续）
>
> **6. 固体废弃物的主要处理方法**：回收利用、减量化处理、焚烧、稳定和固化处理、填埋。

巩固练习

1.【判断题】按再生和可利用价值，施工废弃物分为可直接利用的材料、可作为材料再生或可以用于回收的材料以及没有利用价值的废料。（　　）

2.【单选题】以下不是施工废弃物的主要危害的是（　　）。

A. 占用土地存放　　　　　　　　B. 造成资金浪费

C. 对水体、大气和土壤造成污染　　D. 严重影响市容和环境卫生

3.【单选题】施工废弃物减量化原则是一种以（　　）的方法。

A. 强制减排　　　　　　　　　　B. 全过程控制

C. 预防为主　　　　　　　　　　D. 及时消纳

4.【单选题】下列选项不是按照工程施工废弃物来源分类的是（　　）。

A. 道路开挖　　　　　　　　　　B. 土地开挖

C. 旧建筑物拆除　　　　　　　　D. 可直接利用

5.【单选题】施工现场固体废弃物的分类不包括（　　）。

A. 有毒有害类　　　　　　　　　B. 厨余垃圾

C. 不可回收类　　　　　　　　　D. 可回收类

6.【单选题】垃圾减量化管理措施不包括（　　）。

A. 资金管理　　　　　　　　　　B. 技术管理

C. 制度管理控制　　　　　　　　D. 实行奖惩、教育培训制度

7.【多选题】以下叙述中属于工程施工废弃物循环利用三大原则的有（　　）。

A. 3R 原则　　　　　　　　　　　B. 循环利用

C. 植被掩盖　　　　　　　　　　D. 再生利用

8.【多选题】从成本管理方面来控制施工废弃物包括（　　）。

A. 严把采购关　　　　　　　　　B. 正确核算材料消耗水平，坚持余料回收

C. 加强材料现场管理　　　　　　D. 施行班组承包制度

E. 建立限额领料制度

9.【多选题】下列可回收利用的材料有（　　）。

A. 来自于轻骨料混凝土的废混凝土　B. 塑料模板

C. 废砖瓦　　　　　　　　　　　D. 有毒有害废弃物

E. 废塑料、废金属

【答案】1.√；2. B；3. C；4. D；5. B；6. A；7. ABD；8. ABCD；9. BCE

第十章 现场材料的计算机管理

考点 72：管理系统的主要功能及主要设置 ★●

教材点睛 教材 P311~P338

1. 材料管理系统七个功能：系统设置、基础信息管理、材料计划管理、材料收发管理、材料账表管理、单据查询打印、废旧材料管理。

2. 加密锁：分为 LPT 加密锁和 USB 加密锁，将 LPT 加密锁插在计算机的打印机接口（LPT）上或者 USB 加密锁插在计算机的 USB 口上。在 Windows2000 操作系统下，须安装加密锁的驱动程序。对于 LPT 锁，请勿在有电时插拔加密锁。

3. 日期格式设置注意事项：设置为 YYYY MM DD，Win2000 具体做法是在"控制面板"中的"区域选项"中，点击"日期"选项卡，选择日期格式为"YYYY MM DD"，点击"确定"即可。

4. 项目备份：一是软件系统设置里的备份，指定一个安全的路径后点击"确定"。另一种是在资源管理器里找到 clglk.mmm 文件进行复制。

5. 材料收发管理：包括"收料管理""验收管理""领用管理""退料管理""调拨管理"五部分。

6. 验收管理：材料"来源"有四类：即"自购""上供""业主供料""同级调入"。在做收料或验收单据的过程中，选择"供货单位名称"或"来源"时，必须在可选框里选相应的项目，否则软件将按"自购"这个收入类别统计、列入台账和报表。

7. 材料账表管理：对材料的单据、库存信息进行分类汇总统计有四部分："台账管理""报表管理""库存管理""竣工工程结算表"。

8. 台账管理：（1）台账明细包括材料的验收、材料的领用、材料的调拨、材料的退料四部分；（2）料具保管账可以按日期查询，还可计算盈亏、计算结存。

9. 报表管理：包括固定时间和任意时间。

10. 库存管理：可进行截至当前日期之前任意时期的库存的统计，还可计算盈亏金额。

11. 竣工工程结算表：汇总整个工程的材料使用情况，可计算工程所用的材料与预算的材料的数量的对比，以及节超的金额、量差、价差。

12. 甲方供材工程结算：须先选择甲供材料，然后输入结算数量、结算单价，最后进行计算。

巩固练习

1.【判断题】在软件的材料验收过程中必须采取直接在验收单中填写验收单的验收

方式。 （ ）

2.【判断题】施工项目材料管理软件的加密锁分为 LPT 加密锁和 USB 加密锁。
（ ）

3.【判断题】应将 LPT 加密锁插在计算机的 USB 口上。 （ ）

4.【判断题】第一次使用材料管理软件时，系统会提示输入 9 位项目编号的后四位和项目名称。 （ ）

5.【判断题】收料单是唯一的材料入库手续，是财务核算材料成本收入的依据。
（ ）

6.【单选题】下列不属于材料管理系统的主要功能的是（ ）。
A. 系统设置   B. 基础信息管理
C. 单据查询打印   D. 材料库存管理

7.【单选题】材料收发管理应遵循的原则是（ ）。
A. 后进先出   B. 先进先出
C. 量化库存   D. 有凭有据

8.【单选题】以下不属于"系统设置"功能菜单中的选项的是（ ）。
A. 基础信息管理   B. 清空数据
C. 设置单价   D. 备份

9.【单选题】（ ）是唯一的材料入库手续，是财务核算材料成本收入的依据。
A. 供料单   B. 验收单
C. 收料单   D. 领用单

10.【单选题】以下不属于对材料所用的单据以及库存的信息进行分类汇总统计的是（ ）。
A. 台账管理   B. 报表管理
C. 调拨管理   D. 竣工工程结算表

11.【多选题】材料管理系统的主要功能有（ ）。
A. 系统维护   B. 材料计划管理
C. 材料账表管理   D. 退料管理
E. 废旧材料管理

12.【多选题】下列属于"系统设置"功能菜单中的选项的有（ ）。
A. 系统维护   B. 设置总额
C. 清空数据   D. 查看日志
E. 备份

13.【多选题】菜单中的"材料收发管理"包括下列（ ）部分。
A. 进料管理   B. 验收管理
C. 领用管理   D. 退料管理
E. 库存管理

14.【多选题】对材料所用的单据以及库存的信息进行分类汇总统计，其中台账管理中的台账明细包括（ ）。
A. 材料的验收   B. 材料的领用

C. 材料的调拨   D. 材料的库存
E. 材料的退料

【答案】1. ×；2. √；3. ×；4. ×；5. ×；6. D；7. B；8. A；9. B；10. C；11. BCE；12. ACDE；13. BCD；14. ABCE

第十一章 施工材料、设备的资料管理和统计台账的编制、收集

考点 73：施工材料、设备资料管理和统计台账 ★●

> **教材点睛** 教材 P339～P351
>
> **1. 资料管理应遵循的原则**：真实性、规范性、符合信息化要求。
> **2. 土建部分资料整理分类**：基础施工阶段、主体施工阶段、屋面施工阶段、装饰装修阶段。
> **3. 质保资料收集的种类**：生产许可证、产品质量证明书、合格证、备案证明、出厂检验报告、交易凭证、现场现料使用验收证明单、"四性"试验报告、复试检测报告。
> **4. 节能部分资料**：建筑工程节能保温资料应独立组卷。保温材料除提供质保书、出厂检验报告外还应按批量进行复验。保温砂浆按规范要求应留置同条件试块，保温浆料的同条件养护试件应见证取样，保温板与基层的粘结强度应做现场拉拔试验。
> **5. 保存单位要求**：建设工程物资资料属于《建筑工程资料管理规程》中 C4 类资料，各类物资资料的保存单位要求详见表 11-1【P341】。
> **6.** 了解工程竣工验收资料各分册的组成和各分册的内容【表 11-2，P342-P343】
> **7. 台账记账依据**：材料入库凭证、材料出库凭证、盘点、报废、调整凭证。
> **8. 台账的管理要求**
> （1）每次收货、发货都要按单据记卡、记账，内容包括日期，摘要，收、发、存的数量。
> （2）每次收、发货记账后要进行盘点，保证账、卡、物三者相符。
> （3）将记过账的单据按日期分类归档保存。
> （4）每周、每月都要对物品进行盘点，以确保账、物、卡一致。

巩固练习

1.【判断题】材料、设备的资料是竣工前开始编制的有效记录。　　　　　　　　（　　）
2.【判断题】节能保温材料质保书、出厂检验报告合格齐全后进行节能保温的施工。
　　　　　　　　　　　　　　　　　　　　　　　　　　　　　　　　　　　（　　）
3.【单选题】门窗的质保资料不包括（　　）。
　A. 铝合金框复试报告　　　　　　　B. 生产许可证
　C. 四性试验报告　　　　　　　　　D. 质量证明书
4.【多选题】资料管理应遵循的原则有（　　）。
　A. 技术资料应整洁美观

B. 资料应尽量采用纸版成册

C. 资料应符合信息化要求

D. 资料应尽量专业化

E. 资料应具有规范性

5. 【多选题】以下关于物资管理台账管理要求正确的有(　　)。

A. 管理仓库要建立账、卡，卡和账都应用电脑做

B. 每次收、发货记账后要进行盘点，物品与卡、账不一致时按账面数量计

C. 按单据记卡、记账，内容包括日期，摘要，收、发、存的数量

D. 仓管员的基本职能是保证账、卡、物三者相符

E. 将做过账的单据及时销毁

【答案】1. ×；2. ×；3. A；4. CE；5. CD